浙江省普通高校“十三五”新形态教材

家具结构设计

唐彩云　主　编
朱芋锭　赵林红　副主编

中国轻工业出版社

图书在版编目（CIP）数据

家具结构设计 / 唐彩云主编；朱芋锭，赵林红副主编. —北京：中国轻工业出版社，2022.7
ISBN 978-7-5184-3922-5

Ⅰ.①家… Ⅱ.①唐…②朱…③赵… Ⅲ.①家具—结构设计—教材 Ⅳ.① TS664.03

中国版本图书馆 CIP 数据核字（2022）第 048049 号

责任编辑：陈　萍　　责任终审：李建华　　整体设计：锋尚设计
策划编辑：陈　萍　　责任校对：宋绿叶　　责任监印：张　可

出版发行：中国轻工业出版社（北京东长安街6号，邮编：100740）
印　　刷：三河市国英印务有限公司
经　　销：各地新华书店
版　　次：2022年7月第1版第1次印刷
开　　本：787×1092　1/16　印张：10
字　　数：280千字
书　　号：ISBN 978-7-5184-3922-5　定价：45.00元
邮购电话：010-65241695
发行电话：010-85119835　传真：85113293
网　　址：http://www.chlip.com.cn
Email：club@chlip.com.cn
如发现图书残缺请与我社邮购联系调换
210433J1X101ZBW

前 言

家具是人类生活中必不可少的生活用具，也是现代生活方式的载体。根据社会学家的统计，大多数社会成员与家具接触的时间占人生的三分之二以上。家具的造型与结构，与人类生活方式息息相关，尤其是现代家具的造型与结构设计，更是体现当代生活水平和质量的主要标志。

一谈到家具设计，年轻的设计师们就会想到家具的造型、构图、创新，而忽视家具的材料与结构。家具结构设计在家具设计中占有相当重要的地位，家具形态与结构的关系就如人的相貌与五官的关系，相貌就如家具的形，而五官则好比是家具的结构。如果五官的位置不当，不仅形无法支撑，貌也将荡然无存。因此，家具结构设计是家具设计中至关重要的内容。

为提高家具造型设计、结构设计等方面的技术水平，从国情、行业特色和教学要求出发，在吸收国内外新技术成果的基础上，我们编写了此书。本书集专业性、知识性、技术性、实用性、科学性和系统性于一体，注重理论与实践相结合，按照家具设计学习与实践的脉络，将复杂的理论进行系统安排，同时提供大量的案例图片，注重设计的实践性，基本反映了当前家具结构设计前沿知识，适合于家具设计与工程（家具设计与制造）、室内设计、产品设计、艺术设计、木材科学与工程等相关专业的本、专科学生和研究生的教学使用，同时也可供家具企业和设计公司的专业工程技术与管理人员参考。

本书属于新形态教材，全面介绍了常用家具结构设计的有关知识，包括绪论、传统家具结构设计、现代实木家具结构设计、板式家具结构设计、软体家具结构设计、金属家具结构设计、家具结构图制图规范与图样表达，共7章，借助互联网技术，在纸质教材的重点或难点章节中嵌入二维码，呈现数字资源，便于读者通过手机等工具反复观看，自主学习，在声形兼备、图文并茂的学习过程中，达到预期的目标，力求打造“教材即课堂”的教材模式。其中，第1章、第2章、第4章由唐彩云编写，第3章和第7章由赵林红编写，第5章和第6章由朱芋锭编写，全书由浙江农林大学唐彩云副教授统稿。在本书付梓之际，由衷感谢在本书编写过程中给予专业指导和建议的南京林业大学关惠元教授、东北林业大学朱毅教授、福建农林大学刘学莘副教授等的大力支持以及部分资料的提供。此外，本书还参考了国内外相关参考书、网站及企业产品目录中的部分图表资料，在此，向所有关心、支持和帮助本书出版的专家、老师和单位表示衷心的感谢!

本书是浙江省普通高校“十三五”新形态教材建设项目阶段性研究成果。希望本书的出版能为培养中国家具行业紧缺的复合型人才提供帮助。

鉴于家具结构设计将与时俱进、不断完善、不断提高，本书仅起抛砖引玉的作用。由于编者水平有限，书中的不足之处在所难免，恳请广大读者予以批评指正，不胜感谢。

唐彩云

2022年2月

目 录

第1章 绪 论

>>>学习目标

> 熟悉，了解家具结构设计的概念。
> 熟悉、掌握家具结构设计的原则。
> 熟悉、了解家具结构设计的程序。

1.1 家具结构设计的概念

家具的结构具有多重含义，不仅包含单一构件的载荷和接合，还指内部零部件的相互连接方式。家具结构设计就是在制作产品前，预先规划、确定或选择连接方式、构成形式，并用适当的方式表达出来的全过程。

随着人类文明的发展，家具结构的发展经历了一个漫长的过程。早期的家具结构依赖于榫卯接合为主的连接构造模式，并以金、银、铜、贝壳、珠宝的镶嵌进行点缀，形成了实木传统框架式家具。随着西方工业生产的诞生和发展，以焊、铆结构为主的铁艺、金属家具逐步兴起；随着近代人造板工业的发展，大量刨花板、纤维板、胶合板的使用，在改变传统家具材料构成模式的同时，也促进了家具部件构造的简化，带来了家具结构的一次变革，并逐步形成了当今家具的另一主流产品结构——板式结构。而随着当代新材料、新工艺的日新月异，家具的结构形式也迎来了一个多元化的时代：以工程塑料为构造主体的薄壳塑料家具；以充气式结构为主的气囊式家具；以胶黏剂为连接主体的弯曲木家具；以缠扎、编织为连接方式的竹木、藤编家具；以收、折、叠功能为主的折叠家具；以缝、扎、填充、包裹为主的软体结构家具。

无论哪种家具，都是在材料的基础上以特定的结构方式，通过一定的技术条件和工艺来实现造型和功能的要求。随着科学技术的发展，新材料、新设备、新工艺的不断涌现，为产品的结构设计提供了更为广阔的发展前景。

1.2 家具结构设计的原则

1.2.1 材料性原则

结构设计离不开材料的性能，对材料性能的理解是家具结构设计的必备基础。材料不同，其构成元素、组织结构也不相同，材料的物理、力学性能和加工性能也会有很大的差异，零件之间的接合方式也就表现出各自的特征。实木家具的构成形式为框架结构、榫卯接合，其合理性在于框架可以由线型构件构成。这是由于木材的湿涨干缩特性，使得实木板状构件难以驾驭。尽管人造板克服了木材各向异性的缺陷，但由于在制造过程中（尤其是纤维板、刨花板）木材的自然结构已被破坏，许多力学性能指标（抗弯强度最为明显）大为降低，因而榫卯结构对人造板来说无法使用。但人造板幅面尺寸稳定的优点为板式家具的连接开辟了新的途径，采用圆孔连接方式是板式家具连接的最佳方法。所以现代家具的结构中，木家具以榫卯接合为主，板式家具以连接件接合为主，金属家具以焊接、铆接为主，竹藤家具以纺织、捆绑为主，塑料家具以浇铸、铆接为主，玻璃家具以胶接为主。根据家具材料，选择、确定接合方式，是家具结构设计的有效途径。

1.2.2 稳定性原则

家具结构设计的主要任务是保证产品在使用过程中牢固稳定。家具的属性之一是使用功能，各种类型的产品在使用过程中都会受到外力的作用。如果产品不能克服外力的干扰保持其稳定性，就会丧失其基本功能。家具结构设计的主要任务就是要根据产品的受力特征，运用力学原理，合理构建产品的支撑体系，保证产品的正常使用。

1.2.3 工艺性原则

加工设备、加工方法是家具产品的技术保障。零部件的生产不仅是形的加工，更重要的是接口的加工。接口加工的精度、经济性直接决定了家具产品的质量和成本。因此，在进行家具结构设计时，应根据产品的风格、档次和企业的生产条件合理确定接合方式。例如在工业革命以前，木质家具只能采用榫接合；自从蒸汽技术运用于家具生产后，零部件可以一次成型，不仅简化了接合方式，而且使产品的造型流畅、简约。板式家具，由于设备的加工精度高，因而可以采用拆装结构，且圆孔是用钻头间距为32mm的排钻加工的，所以板式家具能应用“32mm系统”的标准接口。

1.2.4 装饰性原则

家具不仅是简单的功能性物质产品，也是广为普及的大众艺术品。家具的装饰性不只由产品的外部形态表现，更主要的是由其内部结构所决定。因为家具产品的形态（风格）是由产品的结构和接合方式所赋予的。如榫卯接合的框式家具充分体现了线的装饰艺术；五金连接件接合的板式家具，则在面、体之间变化。另外，连接方式的接口（各种榫、五金连接件等），本身就是一种装饰件。藏式接口（包括暗铰链和暗榫）外表不可见，产品更加简洁；接口外露（合页、玻璃门铰、脚轮等连接件和明榫），不仅具有相应的功能，还起到点缀的作用，尤其是明榫能使产品具有自然乡村田野风格。

1.3 家具结构设计的程序

家具结构设计依附于产品设计的全过程，因此设计程序也必然遵循产品设计的程序。设计程序是指对产品设计工作步骤、顺序和内容的规定。家具设计本身是建立在工业化生产方式的基础上，综合材料、功能、经济和美观等诸方面的要求，以图样形式表示的设想和意图。一项产品设计工作从开始到完成必然依据一定的进程，依照程序层层递进，并在序列性进程中体现和提高设计效率。

另外，由于各个企业的经营管理模式、产品类型、设计开发能力、设计人力资源、经济实力等因素的差异性，还要考虑到不同企业各自的产品设计开发程序。但总的来说，家具产品设计一般都要经历以下几个阶段。

（1）市场调查与设计策划

家具设计是以市场为导向的创造性活动，它要求创造消费市场，满足大众需求，同时又能批量生产，便于制造，创造效益。为此，家具结构设计也要遵循市场规律，进行全方位的市场调查，以便掌握较为全面的资料。只有在此基础上进行纵向与横向的对比，对市场与信息进行准确的分析与定位，才能保证较高的成功率，降低企业风险。

家具设计策划就是在市场调查的基础上，通过需求分析和市场预测，确立设计目标。针对将要开发的产品确定其进入市场的时间、地点和条件，并制订策划方案与实施计划，确保设计活动正常有序地进行。

（2）设计定位与设计创意

设计定位是指在设计前期对资料进行收集、整理、分析的基础上，综合产品的使用功能、材料、工艺、结构、尺度、造型、风格而形成的设计目标或设计方向。设计定位是进行造型和结构设计的前提和基础，所以要先确定。设计定位通常以设计任务书的形式来表达。通过编制设计任务书，提出所设计产品的整体造型风格、颜色搭配、材料选择、功能配置以及产品的技术性能、质量指标、经济指标、人机性能、环境性能等方面的要求。随着设计进程中创意的深化，设计定位也是在不断变化的，结构设计也会随之发生改变。

设计创意主要考虑设计什么样的产品，受众群体，产品行业现状，形态、功能、结构，新技术与新材料的应用，新的创意等。新产品开发设计的创造性规律告诉我们，只有从全新的视点出发，从产品开发的关键点展开，才能有效地创造出新的产品设计。

（3）设计表达与设计深化

家具产品设计是一个系统化的进程，其具体过程为：从最初的创意构思，通过具体—模糊—集中—扩展—再集中—再扩展这种螺旋上升的创意过程，形成最佳目标的初步设计方案；然后在初步提炼确定的草图基础上，将家具的基本造型进一步用更完整的三视图和立体透视图的形式绘制出来，初步完成家具造型设计，确定家具的外观形式、总体尺寸及形状特征；接着在家具造型设计的基础上进行材质、肌理、色彩的装饰设计；最后再进行结构细节设计。

结构设计主要是确定零件合理的加工形状与尺寸、材料的合理选择与计算、确定零部件之间的结合方式及加工工艺、确定局部与整体构造的相互关系。科学合理的结构设计，可提高产品的强度，减少材料消耗，提高生产效率，因此必须加以重视。同时，在家具深化设计与细节研究的阶段应加强与生产制造部门的沟通，并进行必要的成本核算与分析，进一步完善家具深化设计。

结构细节设计对产品的最终质量影响很大，并影响到产品的成本，如果不按正常工序设计，节省任何一个工艺过程，都可能导致产品售后服务费用的成倍增长。

（4）三维立体效果图表现与模型制作

在完成初步设计与深化设计后，要把设计的阶段性结果和创意表达出来，作为设计评判的依据，送交有关方面审查，这时就需要三维立体效果图和比例模型制作。效果图和模型要求能准确、真实、充分地反映家具新产品的造型、材质、肌理、色彩，并解决与造型、结构有关的制造工艺问题。

三维立体效果图是将家具的形象用空间投影透视的方法，运用彩色立体形式表达出具有真实感的产品形象，在充分表达设计创意内涵的基础上，从结构、透视、材质、光影、色彩等诸多元素上加强表现力，以达到视觉上的立体真实效果。

模型制作是设计程序中的一个重要环节，也是检验结构设计是否科学、合理的重要手段，是进一步深化设计，推敲造型比例，确定结构细部、材质肌理与色彩搭配的方法。家具产品设计是立体的物质实体性设计，单纯依靠平面的设计效果图检验不出实际造型产品的空间体量关系和材质肌理效果，模型制作就成了家具由设计向生产转化的重要一环。最终产品的形象和品质感，尤其是家具造型中的微妙曲线、材质肌理感，必须辅以各种立体模型制作手法对平面设计方案进行检验和修改，通过设计评估后才能进一步转入制造工艺环节。

（5）家具制造工艺施工图绘制

确定家具效果图和模型制作之后，整个设计进程便转入制造工艺环节。家具施工图是新产品投入批量生产的基本工程技术文件和重要依据。家具施工图必须按照国家制图标准绘制，包括结构图、装配图、零部件图、大样图、开料图等生产用图样。同时还必须提供家具工艺技术文件，包括零部件加工流程表（工艺流程、加工说明与要求）、材料计划表（板材、五金件清单）等，并设计产品包装图，编制技术说明、包装说明、运输规则及说明、使用说明书等。家具工艺图样要严格按照工程技术文件进行档案管理，图样图号编目要清晰，底图一定要归档留存，以便以后复制和检索。

（6）样品试制与鉴定

在完成家具施工图样和工艺设计后，要通过试制来检验产品的造型效果、结构工艺性，审查其主要加工工艺能否适应批量生产和本企业的现行生产技术条件，以及原材料的供应和经济效益方面有无问题等，以便进一步修正设计图样，使产品设计最后定型。在整个试制过程中，设计人员应负责技术监督和技术指导，并要求试制人员做好试制过程中的原始记录，将设计、工艺和质量上存在的问题、缺陷、解决措施和经验，以及原辅材料、五金配件等的质量情况和工时消耗定额等详细记录下来，然后对记录进行整理分析，以供样品鉴定和批量生产时参考。

样品试制成功后，还必须组织企业各相关部门或专业主管部门的有关人员对其进行严格的鉴定，从技术上、经济上做出全面的评价，以判定样品是否达到预期的质量目标和成本目标，能否进入下一阶段的批量生产。鉴定后要提交鉴定结论报告，并正式肯定经过修改的各项技术文件，使之成为指导生产和保证产品质量的依据。

（7）全套设计图样、技术文件会签审批

设计部门在产品得到全方位鉴定确认后，要全面整理、完善设计图样及文件，内容包括：产品效果图、结构装配图、零部件图、零部件清单、开料图、材料计划表（板材明细表、五金配件明细表、涂料用量）、包装材料清单、包装说明、产品安装说明等。设计图样与相关技术文件必须通过校对和审核才能生效。必要时，设计人员还要进行批量生产跟踪，以了解批量生产过程中的实际情况，记录因设计造成的产品质量、工艺、成本等方面存在的问题，为进一步完善设计积累经验。

（8）产品设计开发报告书

当家具产品设计工作完成后，为了全面记录设计过程，更系统地对设计工作进行理性总结，全面地介绍产品设计开发成果，为下一步产品生产做准备，就需要编写产品设计开发报告，它既是设计工作最终成果的形象记录，又是进一步提升和完善设计水平的总结性报告。

（9）市场信息反馈

产品最终目标价值的实现，不能仅靠自身设计构成和一个好的营销策划，还必须在实际运作过程中不断跟进，不断完善设计，及时发现问题并采取对策和措施，从而保证产品的设计开发能创造出更高的社会效益和经济价值。产品从设计、生产到商品、消费，整个过程是按照次序逐步进行的，已形成一个循环系统。这个过程有时会前后颠倒，相互交错，出现回头现象，这正是为了不断检验和改进造型、结构等各方面的设计，最终实现设计目的和要求。

课后思考与练习

（1）什么是家具结构设计？家具结构设计包含哪些内容？

（2）简述家具结构设计的原则。

第2章　传统家具结构设计

>>>学习目标

- 熟悉、了解传统家具的结构特点。
- 熟悉、掌握传统家具常用的榫卯接合方式。
- 熟悉、了解传统家具腿足与上部、腿足与下部的基本接合方式。
- 理解传统家具与现代实木家具在结构特征上的差异。

中国传统家具历史悠久，几千年来始终保持着独具特色的民族风格，在世界家具史上享有盛誉。在漫长的中国传统家具演变过程中，明式家具用材讲究，结构稳固与精密，对近代及现代家具的结构发展产生了较大的影响。在科学技术飞速发展的今天，研究传统家具结构的目的在于以下两个方面：①为修复与保护传统家具精品及复制传统家具提供科学依据；②取传统家具结构精华，促现代家具结构科学发展。

2.1 传统家具结构分析

在传统木家具中，明式家具达到了登峰造极的境地。不仅用材讲究，线条流畅，比例适度，体态简洁，而且结构稳定、牢固、实用，符合力学原理。在构造上充分考虑了材料的质地、纤维方向、涨缩变形、力学特性、加工方法等特点，形成了许多独特的结构形式。明式家具巧妙地运用结构与形态的关系，在不失其结构力学强度的同时，采用改变零件断面形状、利用曲线零件、接点处局部增强等手法，简化家具外观造型，达到内外兼修的境界。

图2–1至图2–4分别展示了明式家具零件断面与边缘线脚的变化、腿足线脚（圆、方断面，扁圆、扁方断面）、流线型曲线零件、变断面型零件的几个应用实例。零件的断面面积相同时，圆形或棱边倒角半径大的零件，视觉感受体量较小。台面边缘线型也能调节家具的体量感。

在明式家具中常用增加接点处零件断面尺寸的方法增加接合点的强度。明式家具还利用如图2–5所示的八字形构造提高家具结构的强度与稳定性。在榫接合处理上，明式家具采用斜角榫、格角榫接合，如图2–6所示。这类接合不仅不外露木材的端面，还可以利用接合部位形成接缝，获得独特的装饰效果。

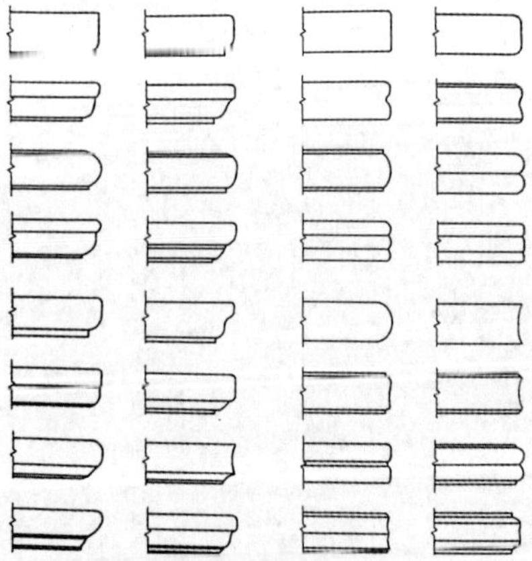

图2–1 明式家具线脚

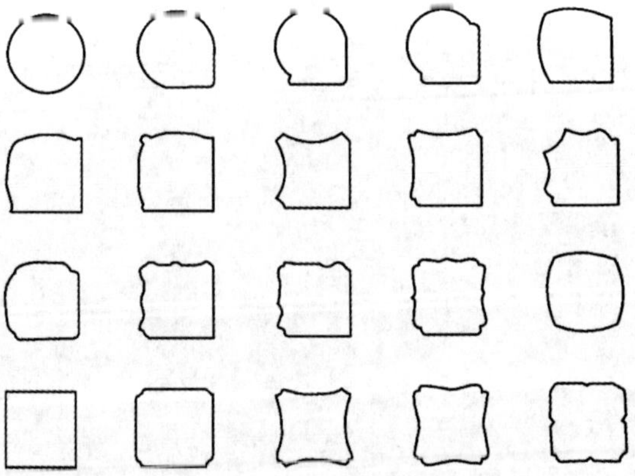

图2–2 明式家具腿足线脚

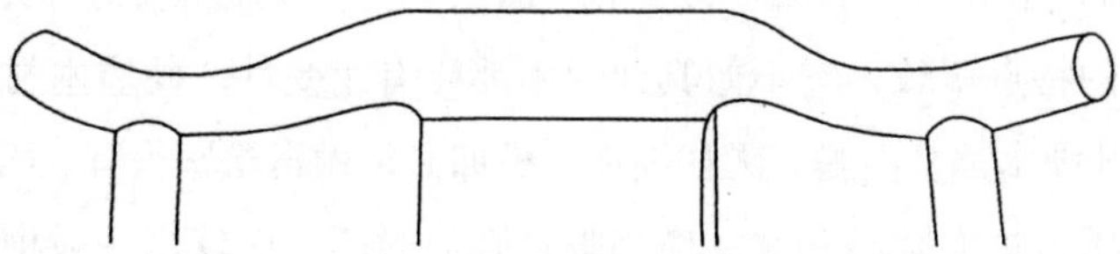

图2-3　流线型曲线零件

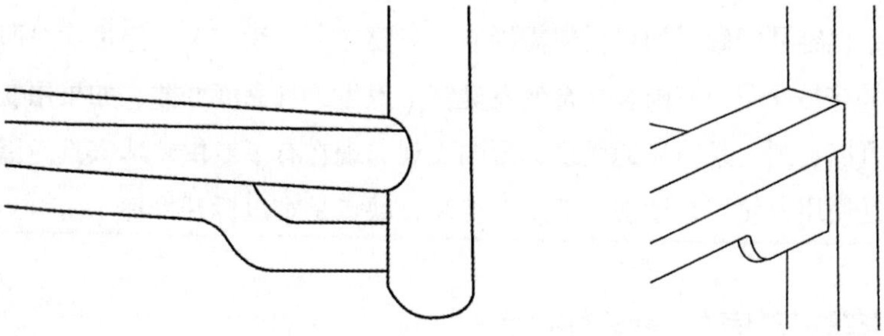

图2-4　曲线型与变断面型零件

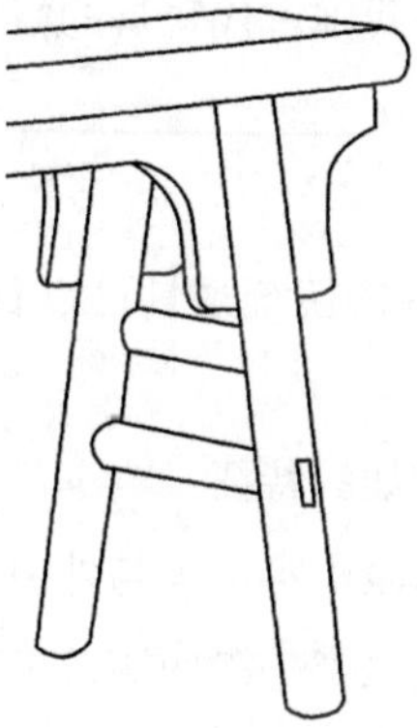

图2-5　八字形构造

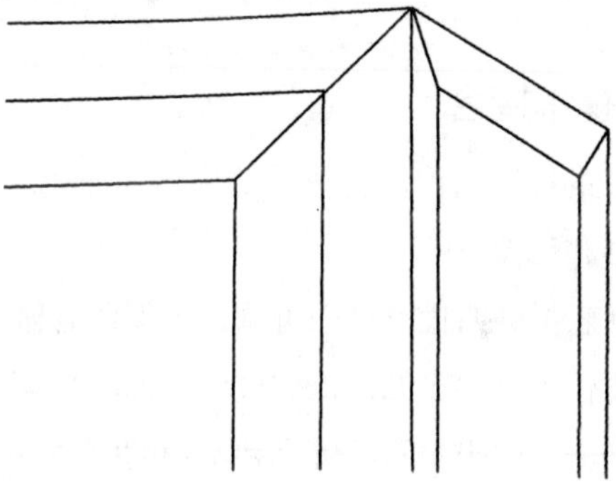

图2-6　斜角榫、格角榫接合

2.2 传统家具的结构特点

中国传统家具区别于西方家具的最大特点即采用精巧准确的榫卯结构，将家具的各部件紧密连接在一起，使其成为结实牢固的整体。西方家具的部件则靠金属构件组合连接。中国榫卯结构的优点为：榫本身即是家具部件的连体，材质一致，榫和家具寿命相同。

中国传统家具的榫卯结构到明代达到高峰。郑和下西洋后，性坚质细的硬木不断进入中国，匠师们对于硬木操作积累了丰富的经验，将复杂而巧妙的榫卯结构按照他们的意图制造出来。构件之间，完全不用金属钉子，鱼鳔黏合也只是一种辅助手段。全凭榫卯就可以做到上下、左右、粗细、斜直连接合理，面面俱到。硬质材料对榫卯要求特别高，这是硬质材料本身的特点所致，它不像其他软木那样有耐受性。硬质木材顾名思义就是一个“硬”字，大凡硬木都坚而脆，无伸缩性。榫卯必须做得松紧得宜、科学合理，如果榫大眼小，装榫时用力过大则易开裂，榫小眼大则易脱落。而软木一般榫大眼小，用力装榫，打入眼中，眼不裂而榫则压缩变小不会损坏。标准要求是：硬木榫用锤子轻轻敲打可以装入眼中，既不裂开，也不脱落，再用胶黏剂使其黏合不脱落。古时，在硬木家具上，胶黏剂即作为加固结合的辅助手段，用海里的黄鱼鳔，经蒸煮、碾碎、敲打而成，其特点是便于使用，也容易回修。如果材料需拆换，只要在火上烘一烘，经过加热即可拆开调换修理；缺点是容易变质，在雨季易霉变发臭，不卫生，且黏度变差。如果用变质的鳔胶黏合榫卯，即可以看到一条明显的黑线，影响美观。现在有了专供硬木家具使用的化学胶黏剂，其优点是使用方便、黏性强、卫生、美观，缺点是难以拆开修理。

2.3 传统家具的接合方式

了解古典家具，应该从工艺结构开始。为什么千年古塔不倒？为什么百年的家具都无任何松动？下面，让我们通过结构来了解古典家具，欣赏我国古代家具的精华。

2.3.1 基本接合

传统家具的榫卯结构由古建筑结构转变而成。从现存的传统家具可以看到三种形式：出头榫、明榫和暗榫。

出头榫在较早的明代家具中可见，还保留着做大木梁架的特征。

明榫在明代家具中多见，也称过榫，即眼打穿，榫从眼中穿出来与外边平，在外侧面可明显见到榫头，榫头中间还可见到木销的痕迹。其优点是榫头深而实，可在榫头中间加木销，即使木材收缩，榫也不会脱落，弥补了古代加工技术、加工工具和胶黏剂的不足。

暗榫也称半榫，明代后期及清代初期开始使用，直至近代几乎全用暗榫。其优点是美观，不影响木面木纹的整体效果。缺点是容易产生虚榫，即眼深而榫短或眼大而榫小，用胶来填塞，影响结合牢度和耐固性。

下面就明代、清代前期家具中某些构件的组成和若干构件之间的关系，来阐述它们的结构方法，并对所用的榫卯做一些讲解，附必要的动态图。

（1）箱框角部接合

两个直角板的端部接合，常采用明燕尾榫、半隐和全隐燕尾榫。全隐燕尾榫是两面都不露榫头，又称“闷榫”或“暗榫”，是硬木家具常见的接合方式。

（2）攒边格角榫接合

除了床、架类以外，所有的家具都由框架和面板组成。特别是框类与板组合成椅、台、桌、凳的面，在家具中占据着重要的地位，既要美观又要坚固耐用，也是最容易变形受损的重要部位，是历代家具制作匠师格外注重的部件。框榫格角与板面的结合形成攒边格角榫，如图2-7所示。木框料四根，两根长而出榫的叫“大边”，两根较短而凿眼的叫“抹头”，这是长方形家具的面。传统家具都做明榫，长方形家具大都横向陈列，如长条桌、长条茶几、大供桌之类。大边做榫，短边（抹头）凿眼，结合以后明榫在侧面，不影响正面木纹的美观，榫与大边连接为一体也很牢固，所以形成“大边”做榫的传统。现在通行做半榫（暗榫）也都以“大边”做榫为原则。

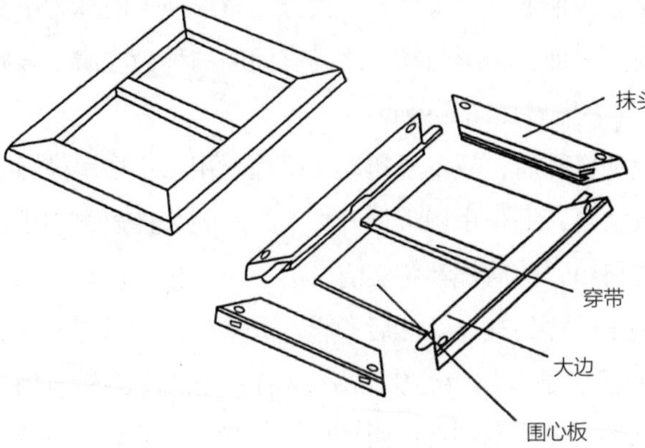

图2-7　攒边格角榫

攒边格角榫

（3）薄板拼合

桌或台的面板很宽，需要两块或更多块薄板拼起来才够时，就要用“龙凤榫”拼接加穿带。先将板的一个长边刨出断面，为燕尾形的长榫，再将与其相邻的板的长边开出下大上小的槽口，用推插的方法将两块板拼拢，所用的榫卯叫“龙凤榫”。这样可以加大榫卯的胶合面，防止拼缝上下翘错，且防止拼板从横的方向拉开。

薄板依次拼完，用胶粘后，为了增加强度，必须在板背面穿上一样的木料，即“穿带”。做法是在横贯拼板背面开一个下大上小的槽口，称为带口；穿嵌一面做成梯形长榫的木条，即“穿带”。带口及带身的梯形长榫都一端窄一端稍宽。长榫从宽处推向窄处，这样才能穿紧。穿带两端出头，留作榫头，再结合在面框上。这种分大小的穿带扣榫称为燕尾榫，俗称“鱼尾扣”，因其形状而得名，这种扣榫由于燕尾将面板紧紧扣住，榫身的厚度又比面板厚，要牢固得多，板面不会弯曲变形，如图2-8所示。

（4）丁字形（或T形）接合

丁字形接合是指一方材端部与另一方材中部的接合。在“T”形接合中很少用平头接合，而大多将表面交接处加工成等腰三角形或把三角形顶尖截去，并同时用直榫与另一方材的榫眼相接合，这种接合通常称为格肩榫。在具体做法上又有“大格肩”“小格肩”“实

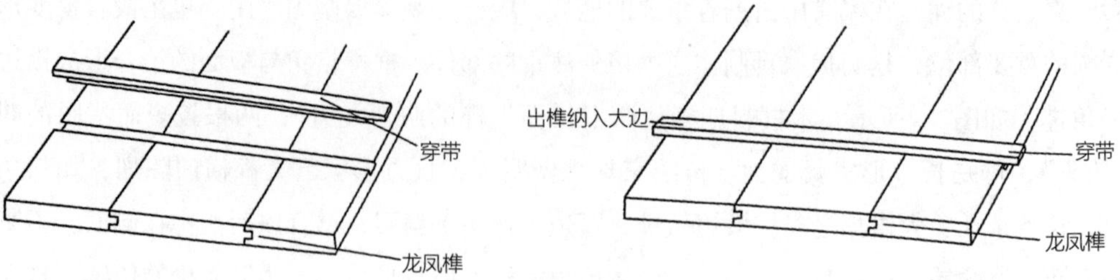

图2-8 拼板龙凤榫

肩”及“虚肩”之分。外表呈三角形的称为大格肩，去掉三角形顶尖的称为小格肩，表面三角形与榫头一体的称为实肩，表面三角形与榫头之间有间隙的称为虚肩，虚肩又称“飘肩”，圆材接合多用虚肩。实肩、虚肩如图2-9所示。

格肩榫榫头在中间，两边均有榫肩，故不易扭动，坚固耐用。小格肩榫通常在家具交接处表面起涡线时用，制作方法是：一根木枨端处开榫头，两侧为榫肩，靠里面为直角平肩，外面格肩呈没有角的梯形格角，两肩部都为实肩，另一根木枨开出相应的榫眼，靠外面榫眼上面挖出一块和梯形格角一样的缺口，然后拍合。大格肩榫一般在家具交接处采用阳线时应用，它和小格肩榫的区别是肩部为尖角，“小格肩”则故意将格肩的尖端切去，肩部都为实肩。大格肩榫又有带夹皮和不带夹皮两种做法。格肩部分和长方形的阳榫贴实在一起的为不带夹皮的格肩榫，又叫“实肩”。格肩部分和阳榫之间还凿剔开口的为带夹皮的格肩榫，又叫“虚肩”。带夹皮由于加了开口，胶着面增大，比不带夹皮的要牢固一些，但如果是较小的材料，则会因为材料剔除较多，而影响榫卯的强度。

圆形材料的横竖材接合，如官帽椅搭脑与后腿的交接、圆形罗锅枨与圆腿的交接、圆形直枨与横枨的交接等，一般开榫头时，两侧肩部里面都挖成圆弧形，交接后使其包裹部分圆形构件。因榫头两肩好像飘动的翅膀，故这种形式又被称为“飘肩榫”，如

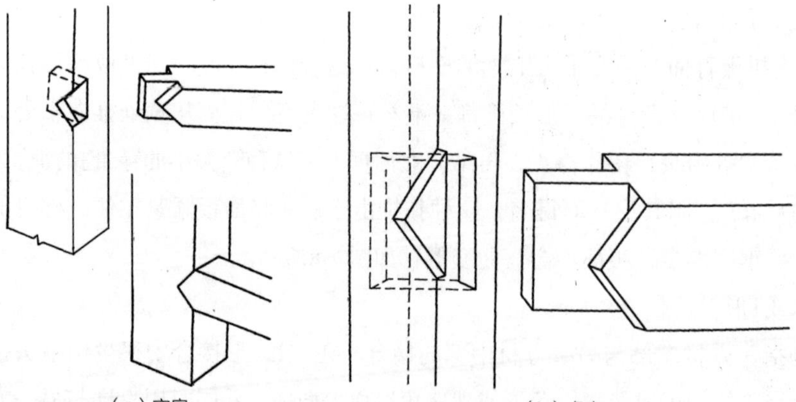

（a）实肩　　（b）虚肩

图2-9 大格肩榫

格肩榫

图2-10所示。

“裹腿枨”又名“裹脚枨”，也是横竖材丁字形接合的一种，多用在圆腿的家具上，偶见方腿家具用它，但需将棱角倒去。裹脚枨的表面高出腿足，两枨在转角处相交，外貌似竹制家具用一根竹材煨烤弯成的枨子，因它将腿足缠裹起来，故有此名，如图2-11所示。

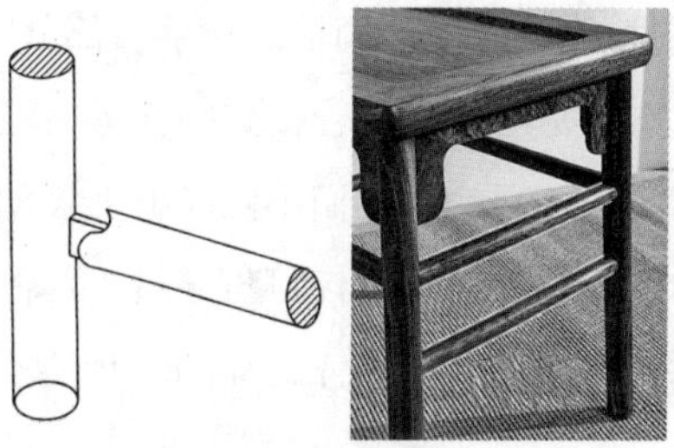

图2-10　飘肩榫　　飘肩榫

图2-11　裹腿枨　　裹腿枨

（5）直角材接合

椅子靠背的转角处、床帷子中构成图案的横竖短材角接合处都属于直角材接合。常采用的有两种形式：一种是45°斜角接合，采用单榫或双榫，如图2-12（a）所示；另一种是两根相接合的方材端部先加工弯曲，外形似烟斗，所以又称为“挖烟袋锅榫”接合，如图2-12（b）所示。

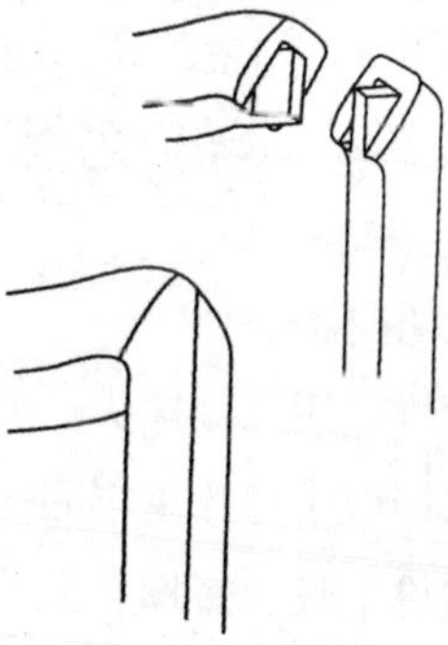

（a）45°斜角接合　　45° 斜角接合

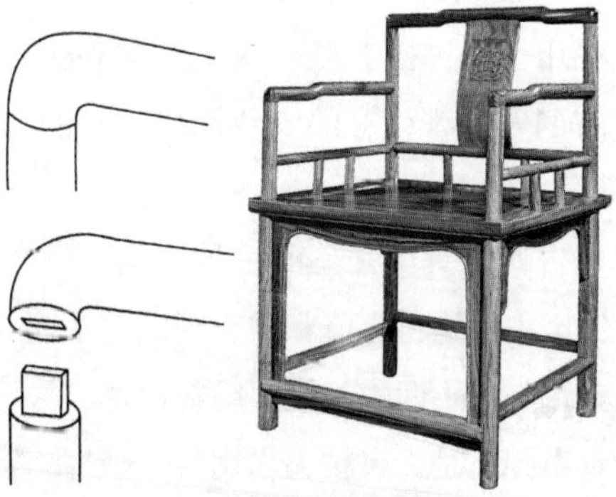

（b）挖烟袋锅榫　　挖烟袋锅榫

图2-12　直角材结合

（6）曲线材对接

曲线材对接是圈椅扶手对接时常用的一种搭接形式，并在中间加楔形榫定位，使之不能错动，这样可使两根或更多的曲线零件对接在一起，加工成圈椅扶手或其他曲线零件，如图2-13所示。

楔钉榫是用来连接弧形弯材的一种榫卯。圈椅的椅背与扶手设计成一体，必须用2节或2节以上的短材拼接而成。圈椅的扶手、部分圆形桌几的面和托泥用此法做成。

楔钉榫基本上是两片榫头合接式的交搭，但两片榫头端部又各出小榫，小榫入槽后便使两片榫头紧贴在一起，使它们不能向上下移动。此后更在搭口中部凿成长方孔，将一枚断面为长方形的头粗而尾细的榫钉贯穿过去，使两片榫头在左右方向也不能被拉开，于是两根弧形弯材便严密地接成一体，如图2-13所示。

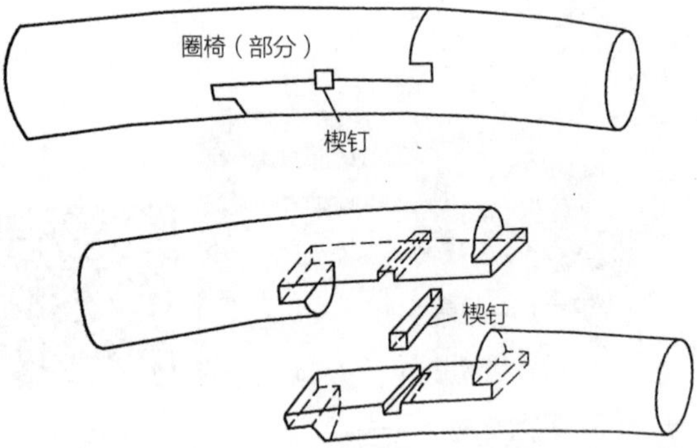

图2-13　曲线材对接——楔钉榫

楔钉榫

2.3.2 家具腿足和上部的接合

2.3.2.1 无束腰腿和上部的接合

腿足上端加工出长、短榫头各一个，直接与上部木框的大边、抹头相接合，主要用于桌、椅、凳、榻腿足与上部的接合。腿与腿之间安牙子与横枨，有的安直枨，有的安罗锅枨，有的在枨上加短柱——“矮老”，支承上部的边框。

无束腰接合

长、短榫是古典家具中常见的一种结构，两个榫头一长一短，朝向两个方向。其作用主要是将边梃和抹头固定在一起：长榫接边梃，短榫则用来接抹头。因边抹接合用格角榫，抹头两边打榫眼腿料出榫与大边出榫相碰，故只能取短榫才更牢固。桌类家具不论有束腰还是无束腰，多用长、短榫，案类家具多用夹头榫。长、短榫在家具中的使用如图2-14所示。

2.3.2.2 条案的两种腿足结构——夹头榫与插肩榫

夹头榫是从北宋发展起来的桌案的一种榫卯结构，实际是连接桌案的腿足、牙边和角牙的一组榫卯结构。夹头榫的做法是在腿足上部开口（深榫槽），夹持住条案下的牙条和牙条下的牙头，超出牙条上部的榫头装入条案边框下底的榫眼。这种结构同时适用于方腿和圆腿。

夹头榫是案形家具常用的榫卯结构。四足在顶端出榫，与案面的底面榫眼结合。腿足上端开口，嵌夹牙条、牙头，故其外观腿足高出牙头，如图2-15所示。这种结构的四足

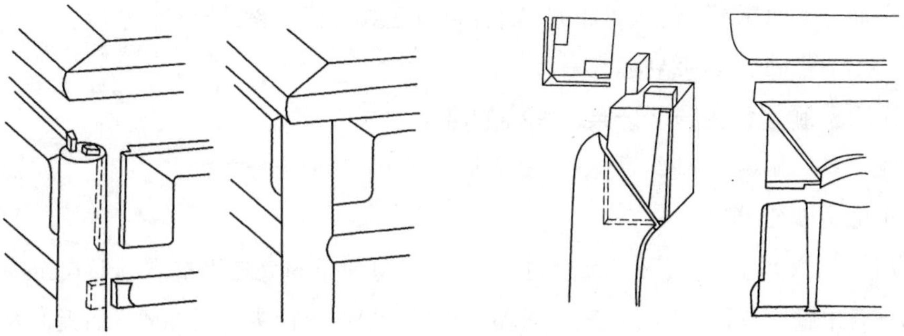

图2-14　长、短榫

将牙条夹住，连接成方框，上承案面，使案面和腿足的角度不易变动，并能很好地将案面的重量分布传递到四足，牢固稳定。

插肩榫也是案形家具使用的榫卯结构，外观和夹头榫不同，但在结构上差别不大。腿足顶端出榫和案面结合，上端也开口，嵌夹牙条，但腿足上端外皮削平出斜肩，牙条与腿足相交处剔出槽口，当牙条与腿足拍合时又将腿足的斜肩嵌夹起来，形成平齐的表面，故与夹头榫不同，如图2–16所示。插肩榫的牙条在受压时，可与腿足的斜肩咬合得更紧，这是与夹头榫的不同之处。腿足开口嵌夹牙条，牙条又剔槽嵌夹腿足，使牙条和腿足扣合

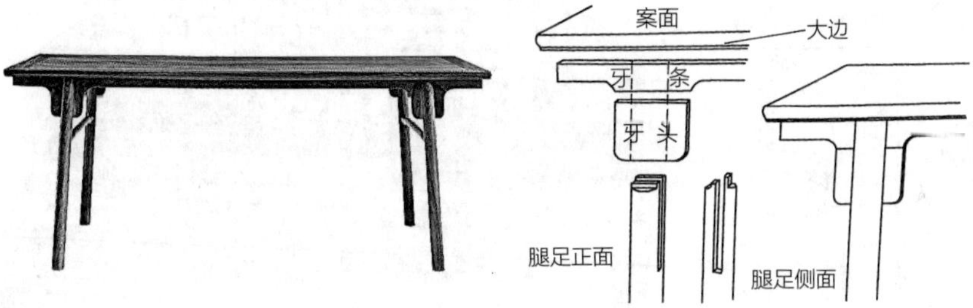

图2- 15　夹头榫

夹头榫

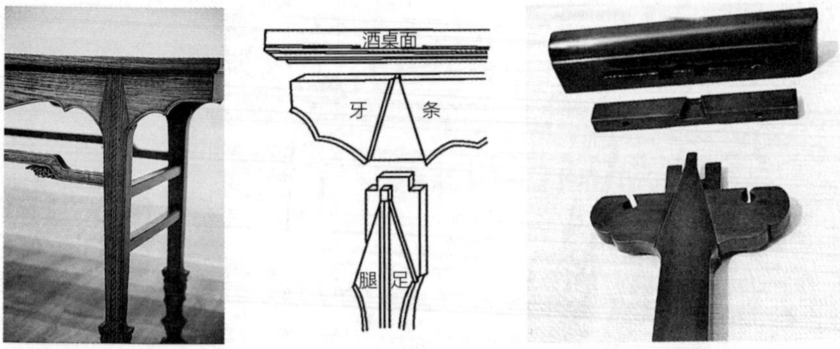

图2-16　插肩榫

插肩榫

得很紧，而且案面压下来的重量越大，牙条和腿足扣合得越紧，使其在前后、左右方向都有错动，形成稳固合理的结构。

2.3.2.3 腿足和束腰、牙条、面板的接合

传统家具的腿足和束腰、牙条、面板主要有以下几种接合方式。

（1）抱肩榫结构

抱肩榫，顾名思义，其外形酷似抱肩，腿足将牙条与束腰以抱肩的形式连接，其广泛应用于有束腰的各种家具上。腿足上端开有长、短两个榫头，长榫插入面板下大边的榫眼，短榫插入抹头的榫眼，短榫必须短，以便让大边的榫头从上面穿过。在束腰部位以下切出45° 的斜肩，开凿三角形榫眼，以便与牙条的45° 斜肩及三角形的榫头配合，如图2–17所示。

抱肩榫是有束腰家具的腿和束腰、牙条相接合时使用的榫卯，多见于有束腰的方桌、条桌、方几、长条几等。斜肩上或留或后装上窄下宽的燕尾挂销，与开在牙条背面的槽口套挂，有些挂销可使牙条和束腰结实、服帖地和腿足结合在一起。注意挂销上口要向内稍许倾斜，这样牙条装上去越拉越紧，反之则会离缝。既左右拉不开，又前后不脱离，这是抱肩榫的标准做法。

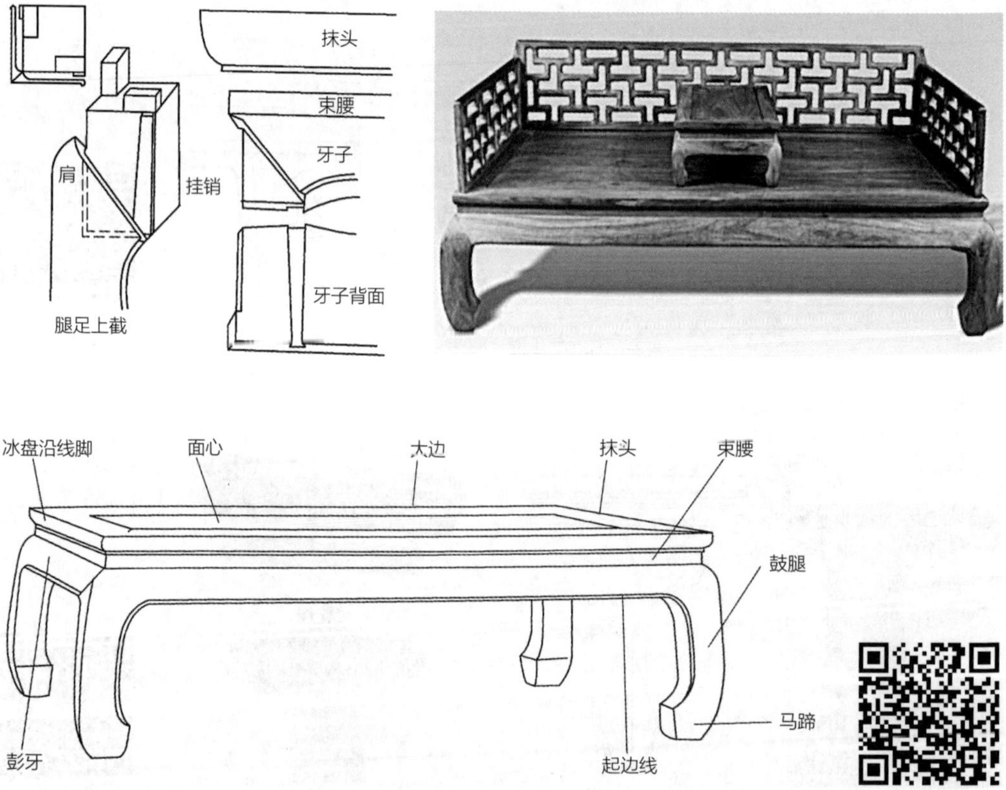

图2–17 抱肩榫

抱肩榫

有束腰的圆形家具如圆凳、三足或五足香几等，虽造型不同，其结构还是和方形的有束腰家具基本相同。

高束腰结构腿足上部的抱肩榫、顶端的长短榫，做法和一般有束腰结构相同，只有两榫之间的距离加长，出现了一根短柱，并开槽口，以备嵌装束腰两端的榫舌，如图2-18所示。束腰的上边嵌装在边抹底面的槽口内，下边则嵌装在牙条上边的槽口内。如束腰下还有托腮，则嵌装在托腮的槽口内。凡造此式，由于束腰高了，所以它不可能与牙条一木连做，而且束腰、牙条之间往往还加一层肥厚的托腮。拍合后，束腰的外皮或与腿足在肩部以上露出的一段平齐或更缩进一些，使这段腿足高出束腰，形成短柱。有的在边抹与托腮之间还安短柱（矮老），将束腰分隔成段，形成一块块绦环板。这样它的造型和唐宋时的须弥座非常相似，而与一般有束腰家具腿足上截完全被束腰遮没的外观截然不同。

束腰与腿足上截平齐的做法见高束腰条桌实例。腿足上截高出，加短柱分段装绦环板的做法，在炕桌、方桌、条桌中都能找到实例。

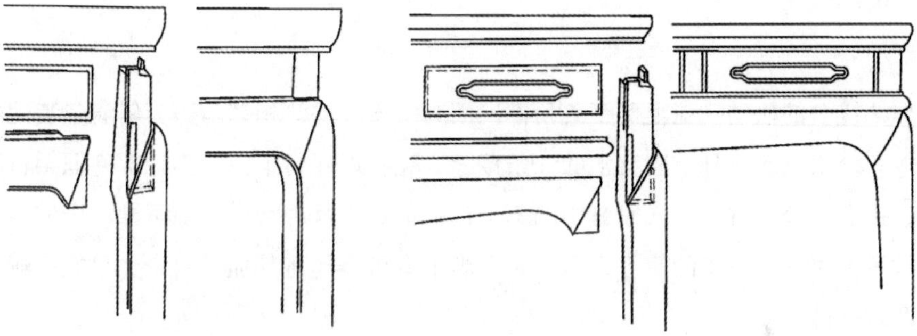

图2-18　高束腰结构

（2）粽子榫结构

粽子榫是在抱肩榫的基础上演变而来，但腿足与大边、抹头也是45° 斜接，从三个方向都能看到45° 的斜接合线，并相交于角顶端。采用粽子榫的家具每个角的两面都用45° 格角，其三面的六个45° 角综合到一点，由于形状像“粽子”，所以得名，如图2-19所示。运用在桌子、书架、柜子等家具上，粽子榫美观整齐，但榫卯过于集中在一起，又无牙条与横枨，所以强度差一些。若用料小了，难免影响稳固，应增加横枨，以加强其结构的稳定性与强度。

粽子榫是几、案类家具常用的结构。面板部件的框架用斜肩直角榫接合，直角榫有明榫和暗榫。面板拼板四周开有榫舌，榫舌插入框架的榫槽内。腿用一长一短两个直角榫与面板部件连接，短直角榫是为了避让面板部件框架的榫头。两个直角榫分别接合到面板部件的两个框架零件上，这样不但保证了腿与面板部件的接合强度，而且有效地约束了面

图2-19 粽子榫

粽子榫

板部件框架接合的松动。腿上两个直角榫三面为平肩，外侧相邻两边为斜肩，装配后榫头完全隐藏。外表只能看到空间交汇的三条接缝，完整地保留了腿、面板部件框架材料的表面纹理，接点十分美观。明式家具中的不少接合都具有这种特征。粽子榫接合的美妙绝伦得到了世界上家具界人士的赞誉，但是至今尚未有机器能将其加工出来，只能依赖手工制作，生产效率低。

（3）霸王枨结构

桌子四足之间不用构件连接，而设法将腿足和桌面连接起来，这样不会有枨阻碍腿，且又能将桌面的承重直接分递到腿足，这一结构部件称为霸王枨。霸王枨的上端托着桌面的穿带，用销钉固定，下端撑在腿足的中部靠上的位置，使用扣榫。桌子下端的榫头向上勾，做成鱼尾扣，腿足上的榫眼下大上小而且向下扣，榫头从榫眼下部的大处插入，向上一推，便勾挂住了，如图2–20所示。下面的空隙再垫木塞，枨子就拔不出来了。

2.3.2.4 椅腿与牙条、椅盘（座面板）的接合

明式靠背椅中，后腿多穿过椅盘的透孔而形成靠背的支柱，扶手椅则前腿也穿过椅盘，形成扶手的支柱。在椅盘之下则用榫卯与牙条或横枨相连，如图2–21所示。前腿也有不穿过椅盘的，但不如前者牢固。

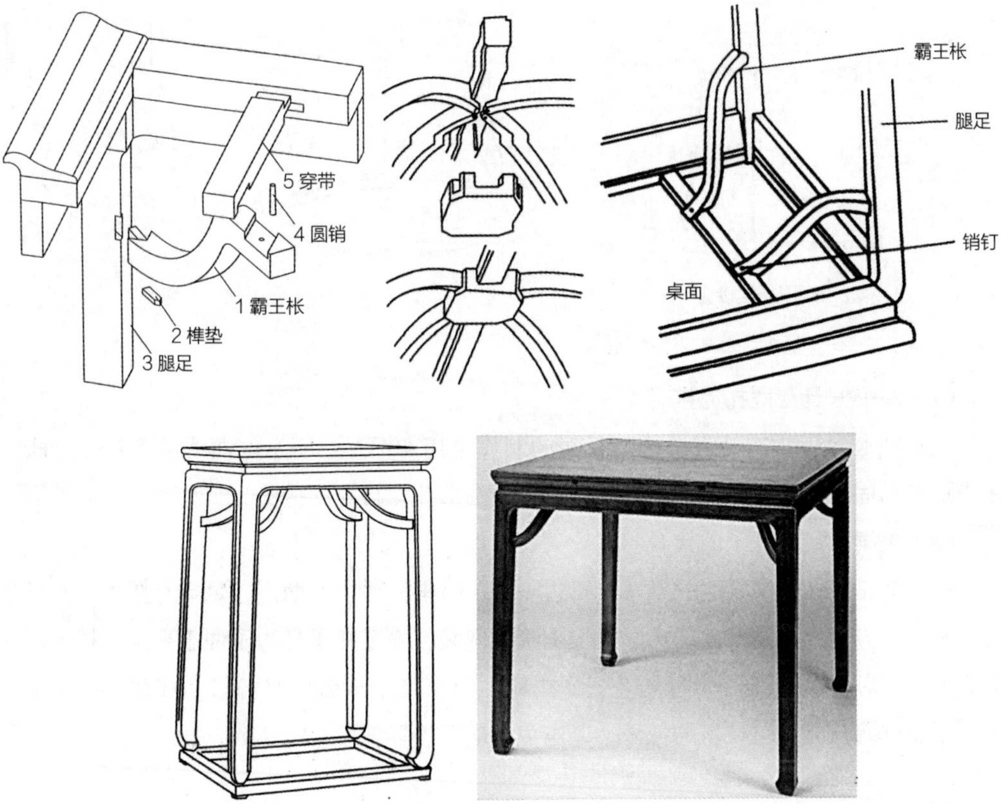

图2-20　霸王枨结构

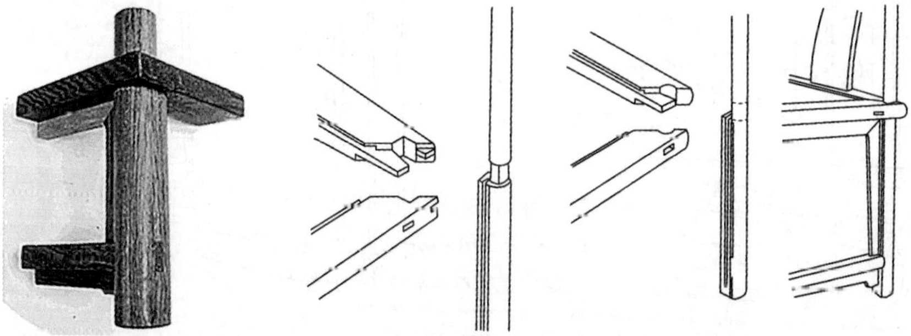

图2-21　椅腿与座面板的接合

椅腿与座面板的接合

2.3.3 家具腿足和下部的接合

（1）矩形家具与矩形托泥接合

托泥是安装在家具足底、贴靠地面的一个矩形构件。矩形托泥由四根方材构成，做法与桌椅面边框相同。足端开榫头，与托泥四角相接合，足端与托泥也可以用插入方榫相接合。托泥四角还有小足（垫块），真正落地的不是托泥，而是小足，如图2-22所示。

矩形托泥接合

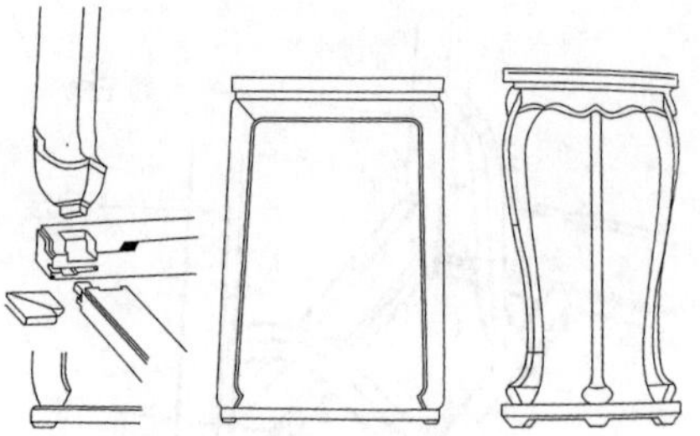

图2-22 矩形托泥接合

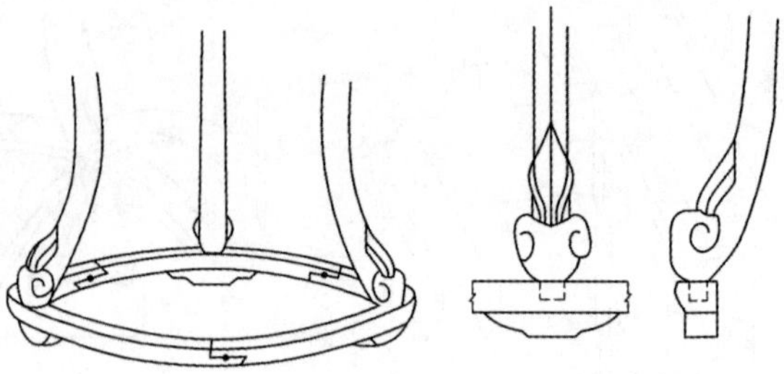

图2-23 圆形托泥接合

（2）圆形家具与圆托泥接合

圆凳或圆足下常有托泥，圆形托泥的制作常用如图2-23所示的曲线零件对接方法，用楔形榫加固。足下开榫与托泥接合处要避开圆形托泥自身的接头。

（3）条案腿足与托子的接合

托子就是安在条案足底的横木，每边一根，每根托住前后两足，足端与托子用双榫接合。托子上方与面板之下常用透雕或实木镶板嵌装，安装托子是为了便于更换。托子两端略有凸出，使局部落地，可以防止托子受潮，且可增加放置的平稳性，如图2-24所示。旧托子受潮腐变时，可换新的托子，以避免足端的损坏。

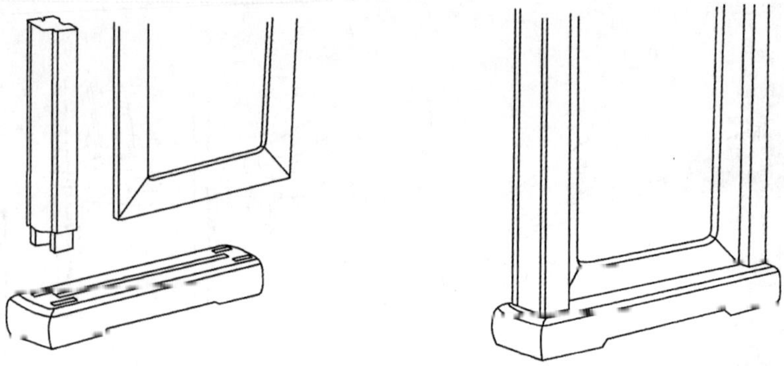

图2-24 条案腿足与托子的接合

2.3.4 其他结构形式

（1）立柱与墩座的接合

凡是占平面面积不大，体高而又要求站立不倒的家具或家具装饰品，多采用厚木作墩座，上面凿眼植立木，前后或四面用站牙来抵夹的结构。实物如座屏风、衣架、灯台等，如图2-25所示。明代、清代前期墩座常用抱鼓，为的是在站牙之外又有高起而且有重量的构件挡住站牙，加强它的抵夹力量。

（2）栽榫和穿销

在构件本身做榫头，因受木材性能的限制，只能在木纹纵直的一端做榫，横纹一触即断，故不能做榫。如果两个构件需要连接，由于木纹的原因无法做榫，只有另取木材做榫，用栽榫或穿销的办法将它们连接起来，也叫桩头。

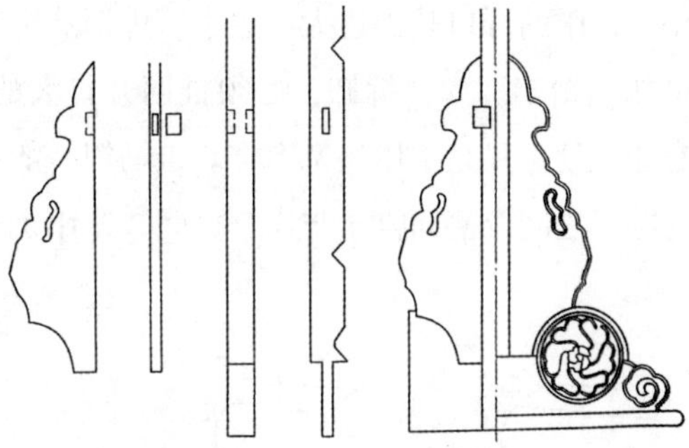

图2-25　立柱与墩座的接合

明式家具中使用栽榫的情况有以下几种：

① 厚板拼合，在拼口内栽榫、凿眼黏合。

② 某些翘头几案或闷心橱的翘头，用栽榫与抹头接合。

③ 某些卡子花，如双套环，用栽榫与上下构件接合，如图2-26所示。

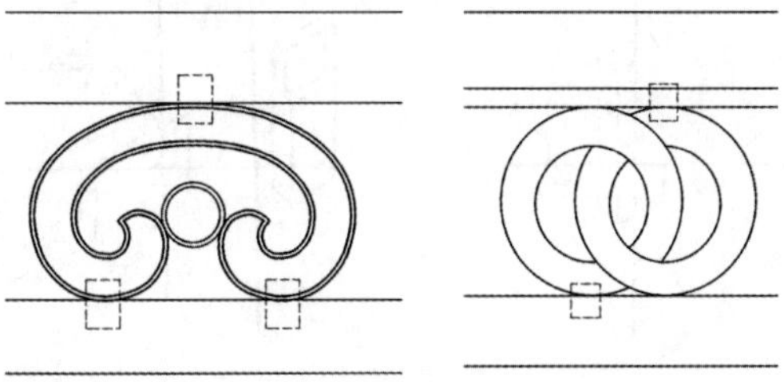

图2-26　卡子花栽榫

④ 桌几的搜花角牙、衣架或面盆架搭脑下的卦牙等，多一边栽榫、一边留榫与相邻的构件接合，如图2-27所示。

⑤ 床帷子、透阁橱上用攒接门簇的方法做成的图案装饰，如四簇云纹、十字套方等，常用栽榫加以组合。

⑥ 桌案牙条的上皮、裹腿做或一腿三牙式桌面垛边的上皮，有的用栽榫与边抹的底面连接，如图2-28所示。

⑦ 官皮箱两帮和后背的下缘，用栽榫与下面的底座接合。

⑧ 走马销，是“栽榫”的一种，就是用另外一块木板做成榫头栽到构件上去，而不是就构件本身做成的榫头，它一般安装在可拆卸的两个部件之间。其做法是榫销下大上

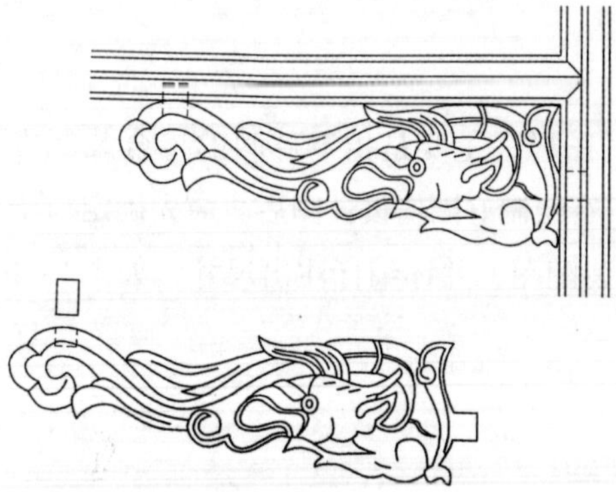

图2-27　角牙栽榫

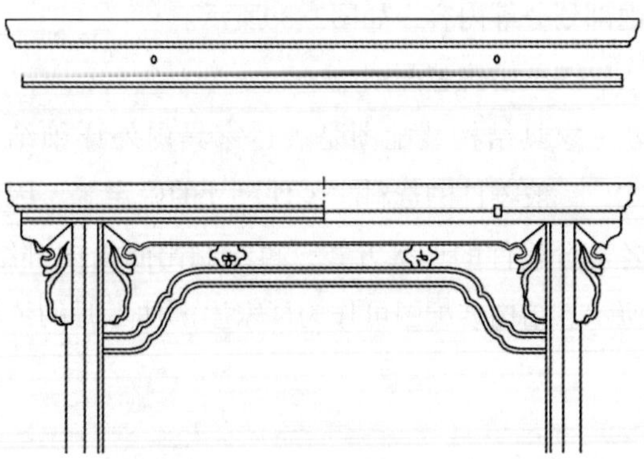

图2-28　一腿三牙式方桌垛边栽榫

小，榫眼的开口是半边大半边小。榫销从榫眼开口大的半边插入，推向开口小的半边，则可扣紧销牢。如要拆卸，必须推回开口大的半边才能拔出，如图2–29所示。它和霸王枨有相似处，只是不用垫塞木榫。走马销一般用在暗处的夹缝中，明处看不见。罗汉床帷子与帷子之间及侧面帷子与床身之间，多用走马销，南方工匠师称之为“扎榫”。

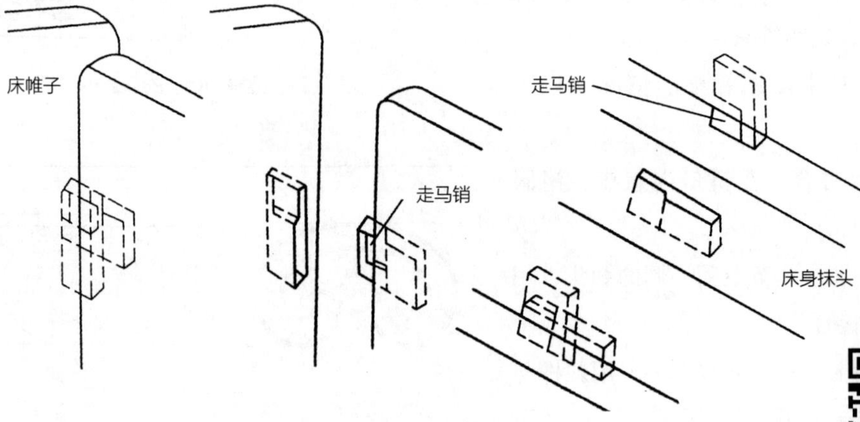

图2-29 走马销

走马销

2.4 传统家具结构设计实例

本节以圈椅设计为例，简要阐述其结构设计流程。大致流程：设计图—结构装配图—局部结构图。

（1）设计图

根据设计方案先绘制出圈椅的家具设计图：设计图主要呈现圈椅的外部轮廓、大小、造型形态，标明各零部件的形状、位置和组合关系以及圈椅的功能要求、表面分割、内部划分等内容，如图2–30所示。

（2）结构装配图

家具结构装配图是表达家具内外详细结构的图样，主要是指零件间的接合装配方式、一般零件的选料、零件尺寸的确定等。因此，在绘制好圈椅设计图后，应先确定椅子各部分构件的连接方式，再绘制出圈椅内部结构装配图，并详细标注出尺寸，如图2–31所示。结构装配图可作为厂家生产加工时的依据。

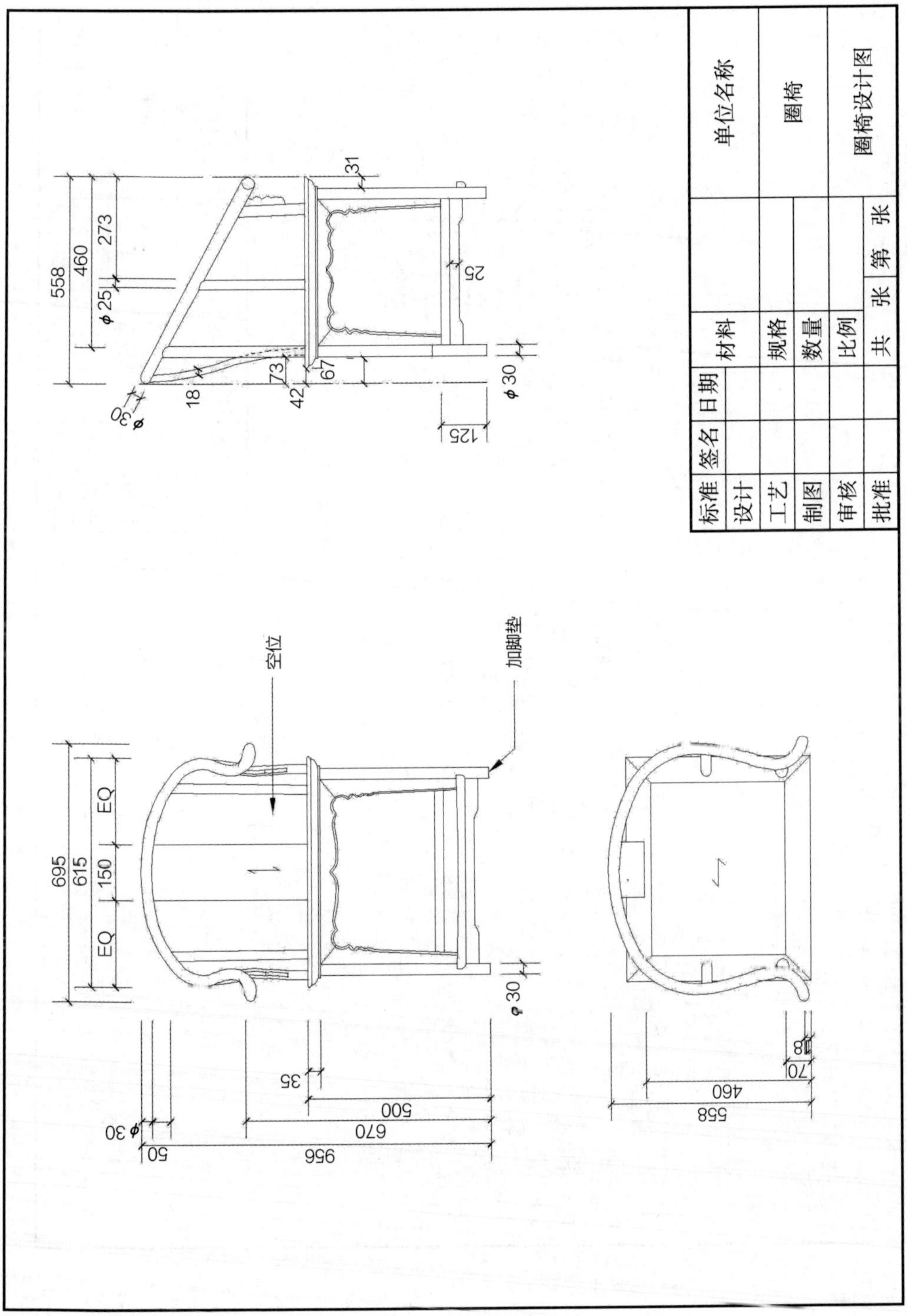
空位
加脚垫
695
615
150
EQ
EQ
φ30
956
670
500
35
50
558
460
70
8
273
31
25
φ25
18
73
67
42
125
标准
签名
日期
设计
工艺
制图
审核
批准
材料
规格
数量
比例
共　张　第　张
单位名称
圈椅
圈椅设计图

图2-30　圈椅设计图

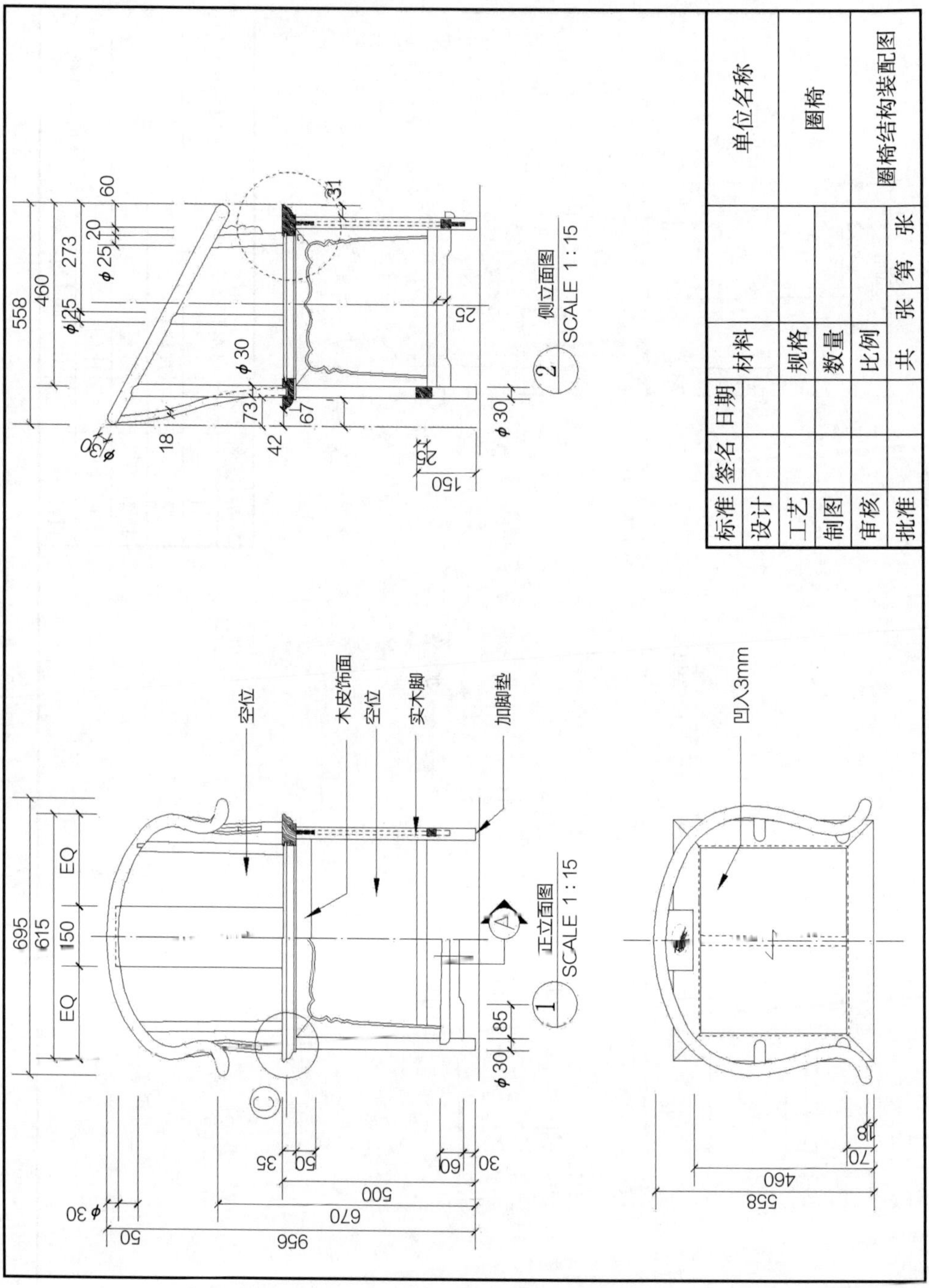

图2-31 圈椅结构装配图

（3）局部详图

局部详图主要作用是指导圈椅零、部件的加工和装配。图2–32反映了此圈椅座面框架部件的接合方式及座框的断面形状，可供生产时参考。

（4）实物图

根据以上设计图、结构装配图、局部详图制作出来的实物如图2–33所示。

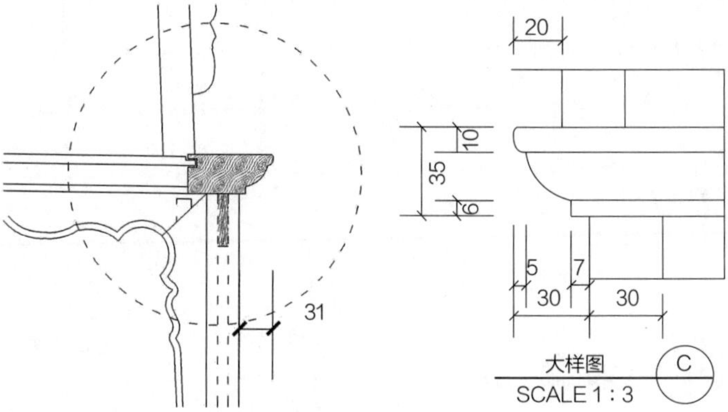

图2–32　局部详图

图2–33　实物图

课后思考与练习

（1）简述传统家具的接合方式。

（2）市场考察

① 利用4学时左右时间进行红木家具市场实地考察，搜集图片资料，分析了解其内在结构。

② 测绘一件传统古典家具，绘制三视图、结构装配图、节点大样图，了解家具的结构。

（3）资料收集

搜集传统家具结构设计图片，不少于10张，并阐述其特点。

第3章　现代实木家具结构设计

>>>学习目标

- 熟悉、了解现代实木家具的结构特点。
- 熟悉、掌握现代实木家具常用的接合方式。
- 熟悉、了解现代实木家具基本部件的构成方式及部件之间的连接方式。
- 熟悉、了解常见的现代实木家具结构形式。

3.1 现代实木家具结构设计概述

木材拥有独特的自然纹理、温暖的质感与色彩，并且易于加工、造型与雕刻，所以在众多家具种类中，木家具的使用最为广泛，是古今中外家具制作的首选材料。

在GB/T 3324—2017《木家具通用技术条件》中，实木类家具的定义为：以实木锯材或实木板材为基材制作的表面经涂饰处理的家具，或在此类基材上采用实木单板式薄木（木皮）贴面后再进行涂饰处理的家具，包括全实木家具、实木家具、实木贴面家具。

本书所指现代实木家具的概念是以天然实木与再生实木（指接材、集成材等木材通过二次加工形成的实木类材料）为基材的部件，通过传统的榫卯结构，并结合现代各种连接件组装而成的一种新型家具。其概念应该是构成现代实木家具的部件，既可全拆装（KD）又可整装，灵活方便，从而节约了运输及仓储成本。与传统实木家具相比，现代实木家具工艺简单，操作岗位固定，适合机械化、半机械化生产，经济效益高。在传统文化的前提下，现代实木家具又融合了现代时尚的元素，给家具增添了新的设计内涵，与现代化的工业生产方式密切相关，更加适合现代人的审美与生活方式。

3.2 现代实木家具常见接合方式

传统的榫卯接合方式仍然是现代实木家具中运用比较普遍的结构形式，材料的因素在这种形式中起了决定性作用。然而在如今工业化的时代，实木家具的接合方式呈现了新的发展趋势——五金连接件渐渐从板式家具中引用过来，使得现代实木家具形式变得更多样化。归纳起来，现代实木家具的接合方法主要有榫接合、钉与木螺钉接合、连接件接合、胶接合等。

榫接合

3.2.1 榫接合

榫接合是将两个或两个以上的木质构件通过采用凸对凹即榫头对榫眼，彼此镶入嵌套的方法紧密连接，进行固定的接合方式。榫接合作为中国传统家具的接合方式在现代家具制造中仍有较多应用，其接合强度高、稳定性好、经久耐用，且外表美观，如图3–1所示。现代家具生产中，榫接合一般借助胶黏剂提高接合强度，因此通常应用于无须拆卸部位的接合。现代实木家具榫接合又有整体式榫接合与分体式榫接合之分。整体式榫接合是指榫头与零件成一整体，分体式榫接合是指榫头与零件不成一整体，单独加工后再装入方材预制孔。

3.2.1.1 整体式榫接合

整体式榫接合按榫头的形状可分为直角榫、椭圆榫、燕尾榫、U形榫、指形榫（或称

图3-1　现代实木家具榫接合

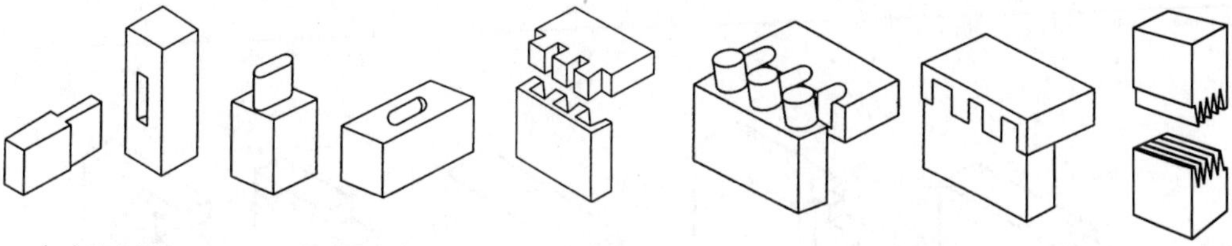

（a）直角榫　（b）椭圆榫　（c）燕尾榫　（d）U形榫　（e）指形榫

图3-2　整体式榫接合的种类

齿形榫）等，如图3-2所示。

（1）直角榫接合

榫接合由榫头与榫眼组成，榫头由榫端、榫颊、榫肩组成，榫眼有闭口榫眼和开口榫眼两种，闭口榫眼习惯上就称榫眼，开口榫眼习惯上称榫槽，如图3-3所示。凡是榫肩面与榫颊面互相垂直或基本垂直的都属于直角榫。其接合牢固可靠，加工难度相对较低，是应用最广的榫接合形式，木家具结构中的各种框架接合大都采用直角榫。

根据榫头与榫眼的接合状态，榫接合又有多种形式。按榫头是否贯通，直角榫接合可分为明榫、暗榫，如图3-4所示。装配后，榫端露于方材表面的贯通榫称为明榫，不露榫

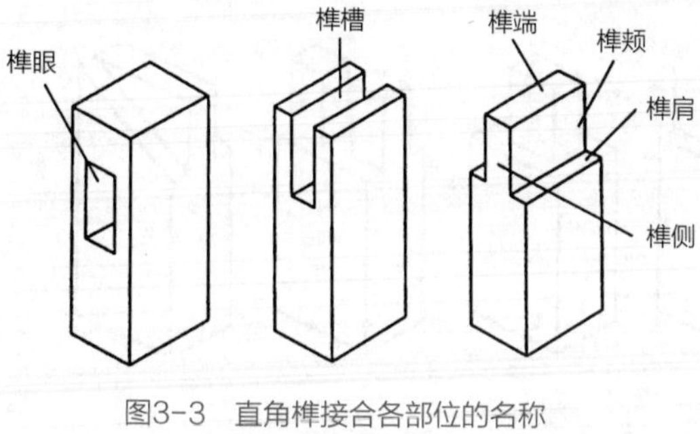

图3-3　直角榫接合各部位的名称

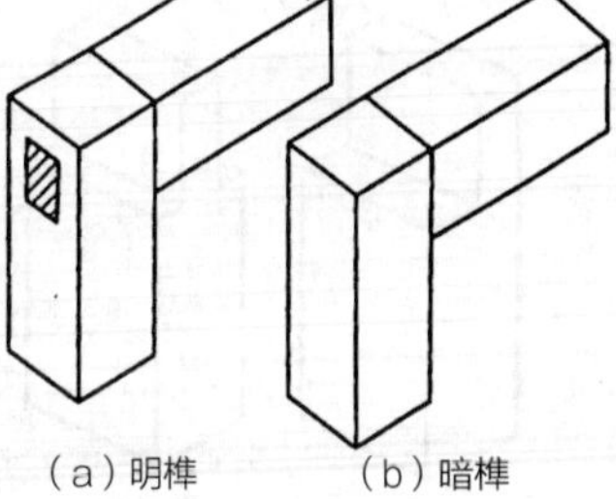

（a）明榫　（b）暗榫

图3-4　明榫与暗榫

端的不贯通榫称为暗榫，对表面装饰质量要求高的家具产品可用不贯通榫。

按接合后能否看到榫头侧面可分为开口榫、闭口榫、半闭口榫（或半开口榫），如图3-5所示。榫头侧面不暴露在表面的接合称为闭口榫接合［图3-5（a）］；榫头一个侧面暴露在表面的接合称为开口榫接合［图3-5（b）］；仅有榫头一个侧面的某些部分暴露在表面的接合称为半闭口榫接合或半开口榫接合［图3-5（c）］。

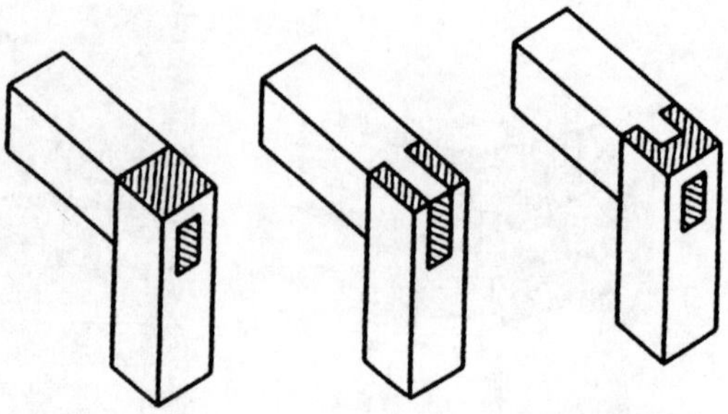

（a）闭口榫　（b）开口榫　（c）半闭口榫（或半开口榫）

图3-5　闭口榫、开口榫与半闭口榫

按榫头的数量可分为单榫、双榫和多榫，如图3-6所示。

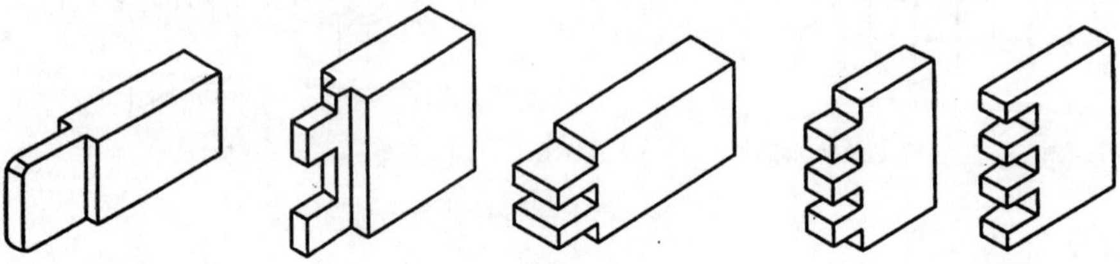

（a）单榫　（b）双榫　（c）多榫

图3-6　榫头的数目

按榫肩切割形式可分为单肩榫、双肩榫、三肩榫、四肩榫、夹口榫和斜肩榫，如图3-7所示。

家具的损坏经常出现在接合部位，为了确保直角榫的接合强度，应遵循下列技术要求：

① 榫头的长度方向应与方材零件的纤维方向基本一致，如确实因接合要求倾斜时，倾斜角度最好不大于45°；榫眼应开在纵向木纹上（弦或径切面）。榫头的长度是根据接

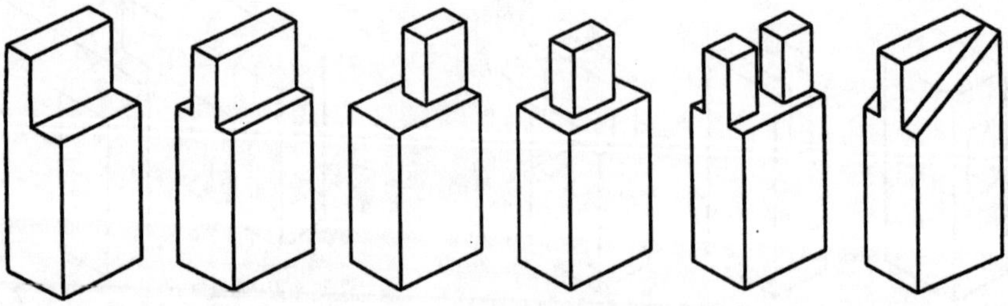

图3-7　榫头的截肩

合方式来确定的，采用贯通榫时，榫头长度应等于接合零件宽度或厚度；采用不贯通榫时，榫头长度应不小于榫眼零件宽度或厚度的一半，一般榫头长度控制在15 ~ 30mm，可获得较为理想的接合强度，榫眼深度应比榫头长度大2 ~ 3mm。

② 榫头厚度通常为方材零件断面边长（与榫头厚度方向一致的边）的30% ~ 60%；软材质取大值，硬材质可取小值；榫头的厚度比榫眼宽度小0.1 ~ 0.2mm，便于形成胶层，抗拉强度最大，否则容易使榫眼顺木纹方向劈裂，影响接合强度。为了使榫头易于进入榫眼，常将榫端的两边或四边削成30° 斜棱。

③ 榫头宽度通常为方材零件断面边长（与榫头宽度方向一致的边）的50% ~ 100%，一般比榫眼长度大0.5 ~ 1.0mm，硬材取0.5mm，软材取1mm为宜。

④ 当榫接合零件断面尺寸超过40mm × 40mm时，应采用双榫或多榫接合，以便提高榫接合强度。

除上述直角榫外，还有一种椭圆榫，属于特殊的直角榫，它与普通直角榫的区别在于其两侧都为半圆柱面，榫眼两端也如此，如图3-8所示。椭圆榫克服了直角榫接合的榫眼加工生产效率低、劳动强度较大、榫眼壁表面粗糙等缺陷，在框架类现代实木家具中被广泛采用。椭圆榫接合的尺寸与技术基本与直角榫相同，但椭圆榫仅可设单榫，无双榫或多榫。另外，椭圆榫榫宽通常与榫头零件宽度相同或略小。

（2）燕尾榫接合

燕尾榫榫头呈梯形或半圆锥形，端部大而根部小，多用于抽屉等箱框的接合，如图3-9所示，燕尾榫的种类如图3-10所示。

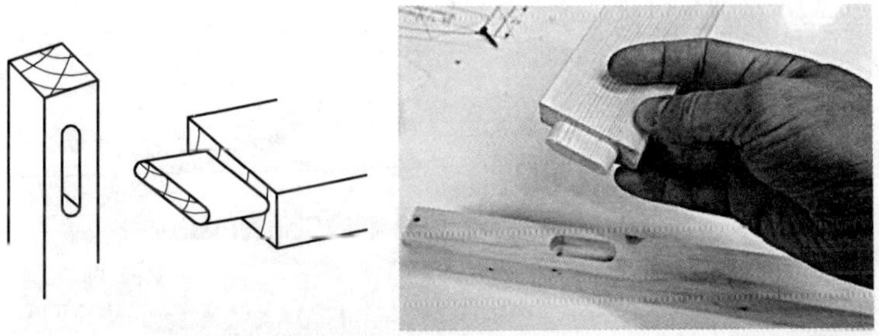

图3-8　椭圆榫

图3-9　燕尾榫接合

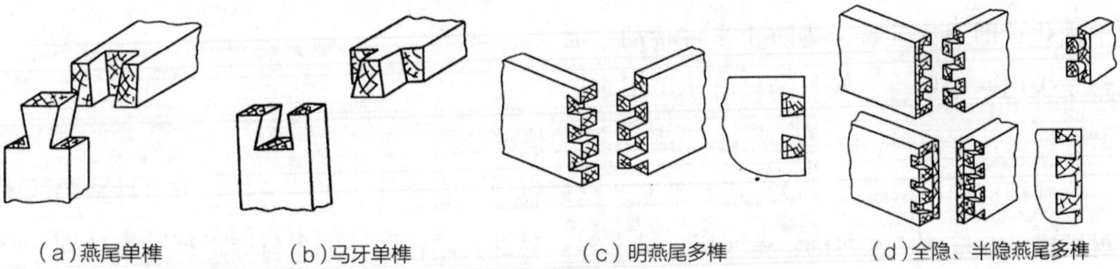

（a）燕尾单榫　（b）马牙单榫　（c）明燕尾多榫　（d）全隐、半隐燕尾多榫

图3-10　燕尾榫种类

（3）指形榫接合

指形榫形状类似于指形，主要用于短料接长，如方材及板件接长、曲线零件的拼接等，也用于角部的接合，如图3-11所示。榫头与榫槽也可一次铣削加工，接合强度一般可达到整料强度的70%～80%，装配时齿间涂胶，纵向加压挤紧，侧向轻压防拱。不同零件接合，其榫头数量也可不同，增加榫头数量可增加接合，面积，从而提高接合强度。

图3-11 指形榫接合示例

3.2.1.2 分体式榫接合

分体式榫有圆棒榫（简称圆榫）、椭圆形榫、三角形榫、矩形榫、L形榫、饼形榫等，如图3-12所示。

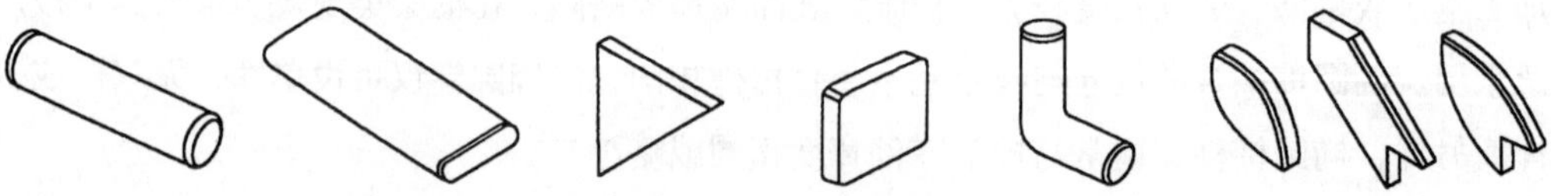
（a）圆棒榫 （b）椭圆形榫 （c）三角形榫 （d）矩形榫 （e）L形榫 （f）饼形榫

图3-12 分体式榫的种类

（1）圆榫接合

圆榫是较为常见的分体式榫，如图3-13所示。在实际使用中有两种作用：定位和固定。用作定位时，一般与木螺钉或偏心连接件等金属件配合使用，圆榫的主要作用是定位，金属件起固定作用。用作固定接合时，在使用前，要在需连接的工件的相应位置双向打孔，然后在孔内或者圆榫上涂布胶水，将圆榫敲入孔内，并对工件进行加压，待胶水固化，即完成连接。为防止零件转动，通常至少用两个圆榫，较长的接合边可用多个圆榫连接，榫间距一般建议为32mm或32mm的整数倍。

图3-13 圆榫

圆榫应选用密度大、纹理通直细密、材质较硬、有韧性、无节无朽、无虫蛀缺陷的木材制成，如柞木、水曲柳、青冈栎、桦木等。另外，制作圆榫的木材应进行干燥处理，其含水率比被连接件低2%～3%，通常小于7%，以便施胶后圆榫吸水膨胀而增加接合强度。

为防止含水率的变化，圆榫制成后用塑料袋密封保存。圆榫表面多设沟槽，以便装配时圆榫带胶入孔。其表面形状有光滑、直纹、网纹、螺旋纹等，如图3-14所示，目前市场上最常用的是直纹和螺旋纹圆榫。

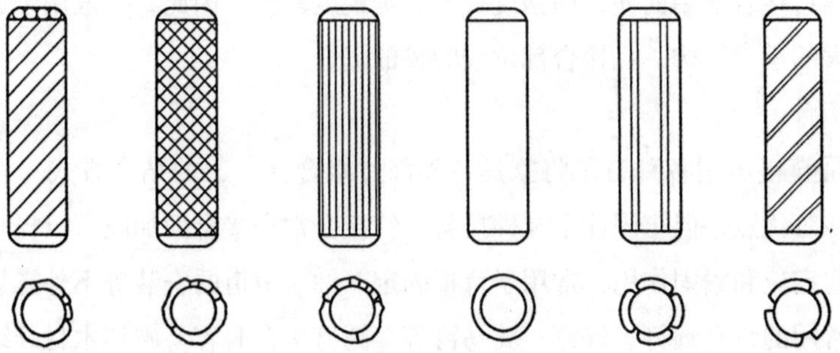

（a）螺旋纹　（b）网纹　（c）直纹　（d）光面　（e）沟槽　（f）螺旋沟槽

图3-14　圆榫的形状

圆榫接合时，可以一面涂胶，也可以两面（榫头和榫眼）涂胶，其中两面涂胶接合强度高。如果一面涂胶应涂在榫头上，使榫头充分润胀以提高接合力。圆榫两端应倒角，以便于装配；表面沟纹最好用压缩方法制造，施胶接合后能够很快膨胀，使其更加紧密接合，比铣削沟槽优越。圆榫直径规格有4mm、6mm、8mm、10mm、12mm、14mm、16mm，其中最常用的规格是6mm、8mm、10mm。圆榫长度一般为直径的3～4倍，常用的规格有30mm、32mm、35mm、40mm四种。圆榫直径与长度的选用应考虑被连接零件的厚度、接合部位的强度要求、同一接合部位的圆榫数量等因素。

（2）椭圆形榫接合

椭圆形榫的接合强度要比圆榫高，不易转动，如图3-15所示。根据被连接零件断面尺寸和形状、接合部位的强度要求等情况，分体式椭圆形榫可单数使用，也可以复数使用。零件的端面（开有榫孔的端面）能成曲面，克服了整体式椭圆形榫接合只能单榫且榫

图3-15　分体式椭圆形榫接合

肩仅可平面的缺陷。分体式椭圆形榫的尺寸目前无统一标准，分体式椭圆形榫与榫孔的配合可参考直角榫接合的要求。

3.2.2 钉与木螺钉接合

钉与木螺钉接合使用简便，但强度较低、美观度较差，因此，一般用于连接非承重结构和受力不大的承重结构，且接合部位较隐秘的场合。

（1）钉接合

钉接合是直接运用各种钉子将家具各零部件接合在一起的结合方式，具有生产效率高、加工容易等优点，但牢固性不及榫接合。钉接合常在接合面加胶，以提高接合强度。钉接合主要起定位和紧固作用，常用于背板固定、抽屉滑道的安装等不外露且强度要求较低的部位。常用的钉有圆钉、气钉、骑马钉等。圆钉接合时容易破坏木材纤维，可预先钻一个导向孔，导向孔的直径为圆钉直径的70%～80%。

（2）木螺钉接合

木螺钉是一种金属制带螺纹的连接件，可借助木螺钉的螺纹与木材之间的摩擦力将两个零件接合起来，是一种简单、方便的接合方式。其接合强度比圆钉接合高，可承受较大的震动。随钉头不同分半圆头型、平头（沉头）型等，钉头上又分有一字槽螺钉、十字槽螺钉、内六角槽钉、梅花槽钉、方槽钉等，如图3-16所示。安装时一般需要在木质安装件上进行预钻孔，否则很容易造成木材开裂。由于木材本身的纤维结构，用木螺钉接合时不能多次拆装，否则会破坏木材组织，影响制品强度。木螺钉接合常用于拉手、锁、铰链、抽屉导轨、角码等各类配件的安装，也可直接用于木家具中桌面板、椅座板、柜背板、脚架等部位的固定。

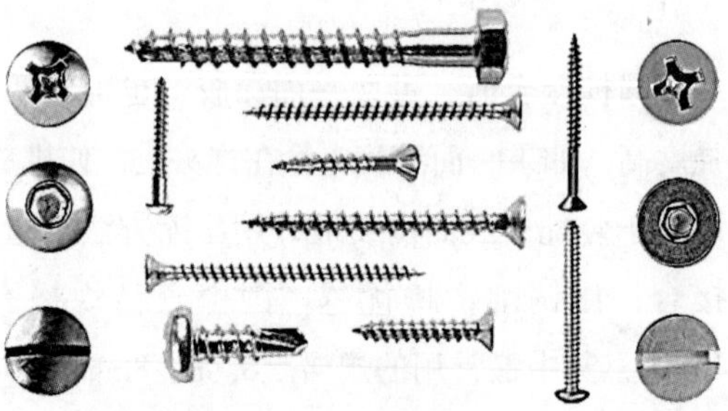

图3-16　常用木螺钉的形式

3.2.3 连接件接合

连接件接合，就是利用特制的各种专用的连接件，将家具的零部件连接起来并装配成部件或产品的接合方法。这种接合用于需要拆装部位的连接，可以反复拆装而不影响家具的接合强度，它是可拆装家具必不可少的接合方式。采用连接件接合可以简化产品结构和生产工艺，能使板式部件直接组装成家具，有利于产品标准化、部件通用化，有利于家具实现流水线生产，也给家具包装、运输、储存带来方便，从而能有效地降低家具的生产成本。连接件的种类很多，常用的有偏心连接件、圆柱螺母连接件、直角式倒刺螺母连接件等。

3.2.4 胶接合

胶接合是指通过使用胶黏剂对零部件的接合面涂胶加压，待胶固化后形成不可拆的固定接合方式。由于近代新胶种的出现，家具结构的新发展，胶接合的应用越来越多。在实木家具中短料接长、窄料拼宽、表面装饰材料的贴面等，均完全采用胶黏剂接合。胶接合还广泛用于其他接合方式的辅助接合，如钉接合、榫接合常需施胶加固。胶接合方式施工方便，对操作人员技术要求不高，劳动强度低，还可以做到小材大用、劣材优用，节约木材，同时保证结构稳定、提高产品质量和改善产品外观，因此，胶接合广泛用于现代实木家具生产。

3.3 现代实木家具基本部件

方材

实木家具由方材、拼板、木框和箱框四种基本部件构成，根据家具的类型及需要选配。基本部件本身有一定的构成方式，部件之间也需要适当的连接。

3.3.1 方材

宽度不足厚度3倍的矩形木材原料称为方材。方材分为直形方材和弯曲方材两种。

实木家具结构中使用方材的设计要点：

① 尽量采用整块实木加工。

② 在原料尺寸比部件尺寸小或弯曲件的纤维被严重割断时，应改用短料接长。

③ 需加大方材断面时，可在厚度、宽度上采用平面胶合方式拼接。

④ 弯曲件接长方法如图3-17所示。各种方法在接合强度、美观性上各有特点，注意按需选择。比如指形榫的强度最高，接合处也自然、美观，应用效果最好，但需要有专用刀具；斜接有指形榫的强度和美观效果，而且比较容易加工，但接合处的木材损失较大。接合时还要注意恰当安排接合面的朝向，以尽量美观。

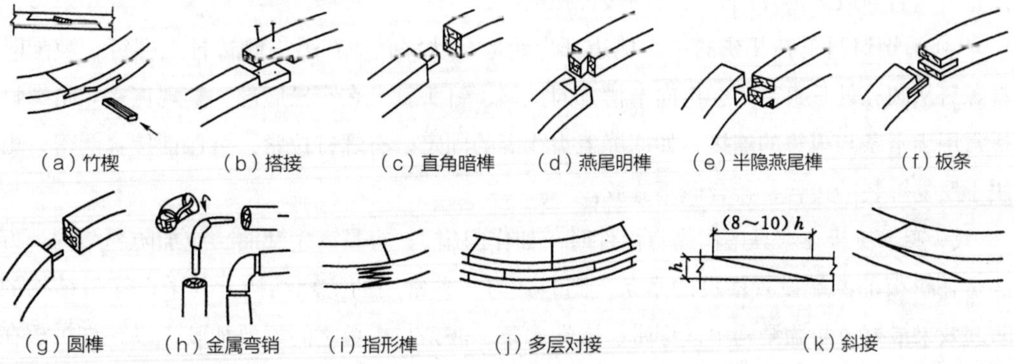

图3-17　弯曲件接长

⑤ 直形方材的接长可采用与弯曲件同样的方法，但通常其受力较大，应优先采用指形榫、斜接和多层对接。

⑥ 整体弯曲件除用实木锯制外，还可采用实木弯曲，这种弯曲件强度高且美观，应用效果比实木锯制和短料接长弯曲件都好。

3.3.2 拼板

将数块实木窄板的侧边按一定的方法拼接构成所需宽度的板件称为拼板，常用于实木台面、座面等。拼板构成的接合有多种形式，常见形式如图3-18所示。

拼板

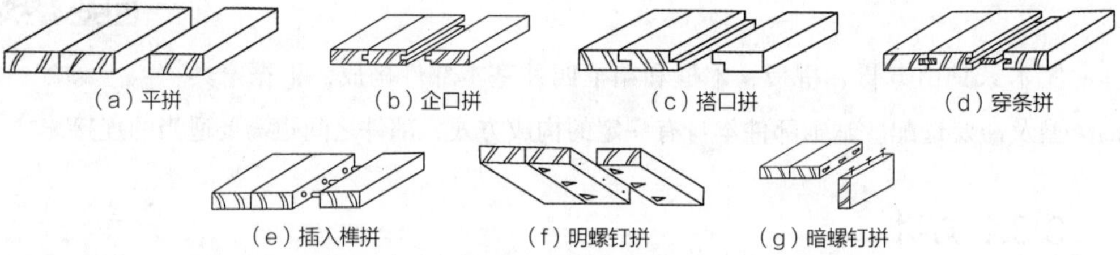

图3-18 实木拼板形式

实木家具结构设计中使用拼板的设计要点：

① 拼板的常规厚度：桌面、屉面16～25mm，厚桌面30～50mm，嵌板6～12mm，屉帮、屉堵10～15mm。

② 平拼法是依靠与板面垂直或倾斜一定角度的平直侧边，通过胶黏剂胶合而成。这种拼接方法加工简便、接缝严密，是常用的拼板方法，可优先选用。但接合强度较低，且在胶接过程中窄板的板面不易对齐，使拼板表面易产生凹凸不平现象，需适量增加拼板的加工余量。

③ 企口拼、搭口拼、穿条拼、插入榫拼、明螺钉拼多用于厚板或长板的拼接，这些接合方法若与胶黏剂并用，可提高接合强度。

④ 暗螺钉拼是在相拼的一个侧边开出钥匙孔状深孔，在另一侧边拧上螺钉。装配时将螺钉从圆孔处垂直套入，再向窄槽方向推移，钉头就卡在窄槽底部，实现连接。暗螺钉拼常用于木条与板边的连接，如床屏盖头线等的固定，有螺钉拉紧，可保证接合严密；也用于反复拆装的接合，接合面不施胶。

⑤ 实木拼板在家具中作为自由件时（如作门扇），容易产生翘曲，应加防翘结构。方法是在拼板的两端设置横贯的木条，图3-19为几种常用的防翘结构，其中以穿带结构的防翘效果最好。防翘结构中，穿带、嵌端木条、嵌条与拼板之间不要加胶，以允许拼板在湿度变化时能沿横纤维方向自由涨缩。

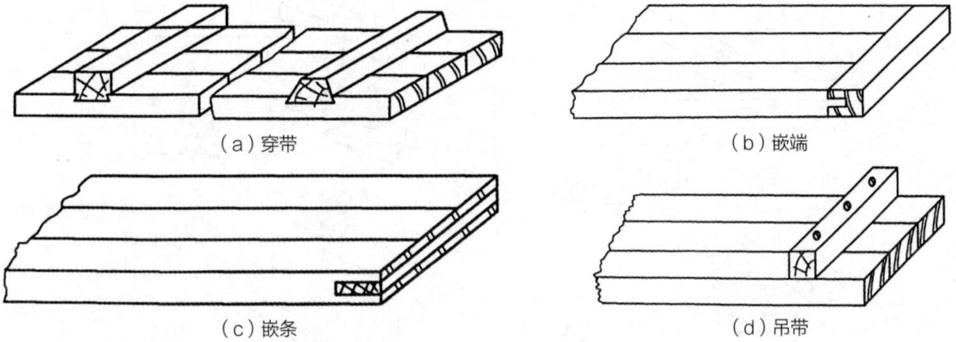

（a）穿带　（b）嵌端　（c）嵌条　（d）吊带

图3-19　拼板防翘结构

⑥ 拼板的板面排列除考虑纹理美观外，还需有利于减少干缩湿涨变形。因此，有两种匹配法，如图3-20所示，一是各拼条同材面朝向一致，湿度变化时，各拼条弯向一致，整块拼板形成一个大弯，适用于桌面等有依托的拼板，拼板固定防止了这个大弯的产生；二是相邻拼条的同材面朝向相反，板面虽有多个小弯，但整板平整，适用于门扇等无依托结构。

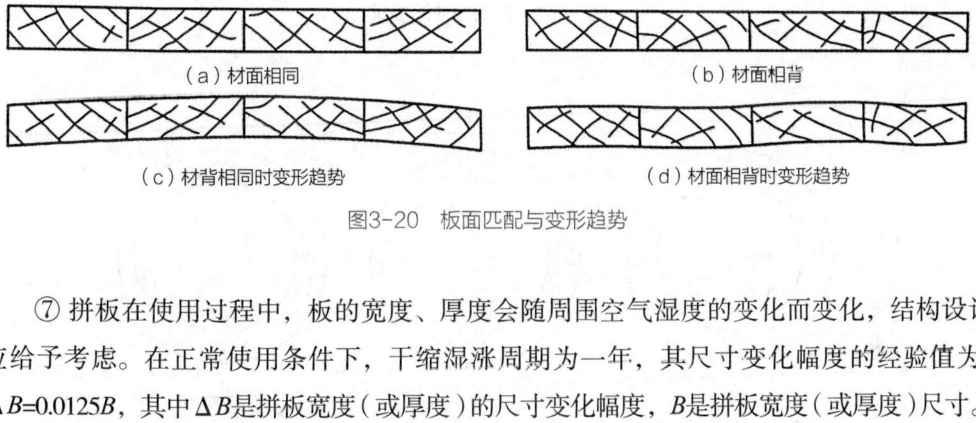

（a）材面相同　（b）材面相背　（c）材背相同时变形趋势　（d）材面相背时变形趋势

图3-20　板面匹配与变形趋势

⑦ 拼板在使用过程中，板的宽度、厚度会随周围空气湿度的变化而变化，结构设计应给予考虑。在正常使用条件下，干缩湿涨周期为一年，其尺寸变化幅度的经验值为：$\Delta B=0.0125B$，其中ΔB是拼板宽度（或厚度）的尺寸变化幅度，B是拼板宽度（或厚度）尺寸。

除上述接合方法外，还有齿形拼、竹销拼、木销拼、螺栓拼等。

为了节约材料，不仅是宽度方向的拼板，长度方向的胶接应用也越来越广泛，常用于餐台面等较长的零件。常用的接合方式有对接、斜面接合和指形接合等，如图3-21和图3-22所示。

3.3.3 木框

木框通常由至少四根方材纵横围合而成，可以有一根或多根中档，或者没有中档。常用的木框主要有门框、镜框以及脚架等。

（1）木框角部接合

出面木框的角部接合可分为两种：直角接合和斜角接合。

木框

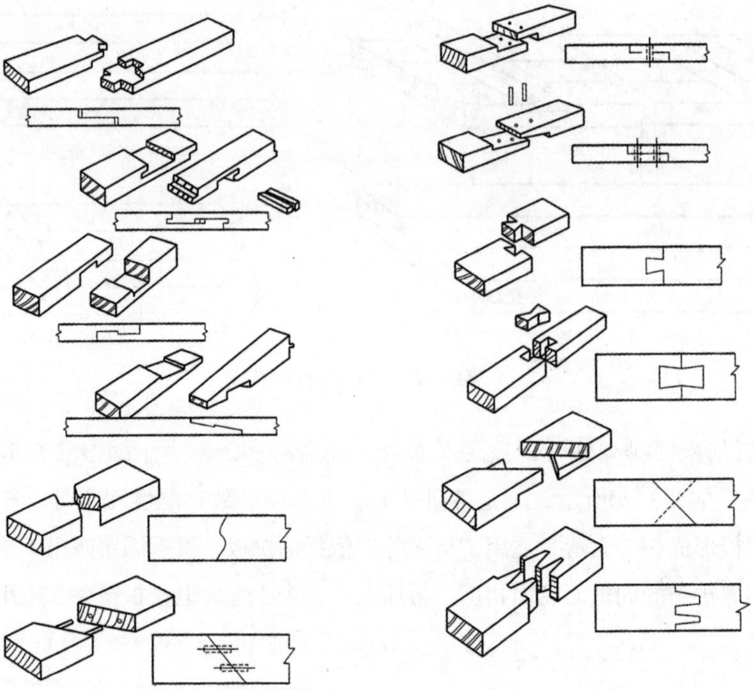

图3-21 直线零件的接长

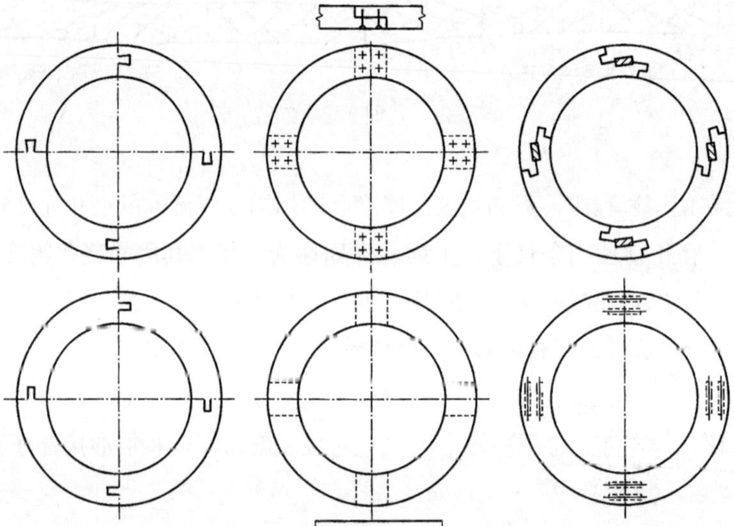

图3-22 曲线零件的接长

① 直角接合：牢固大方，加工简便，较常用。主要采用直角榫、燕尾榫、圆榫或连接件，结构设计时按需选用。如图3-23所示为直角接合示例，如图3-24所示为木框角部直角接合的部分典型形式，各种接合方式的特点与应用见表3-1。

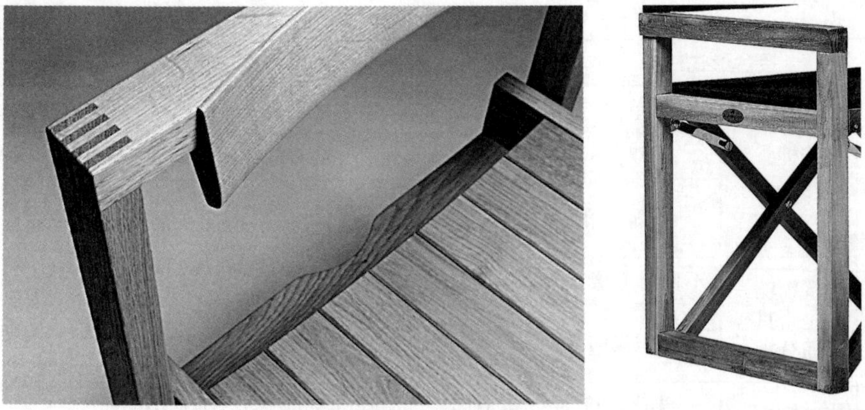

图3-23　直角接合示例

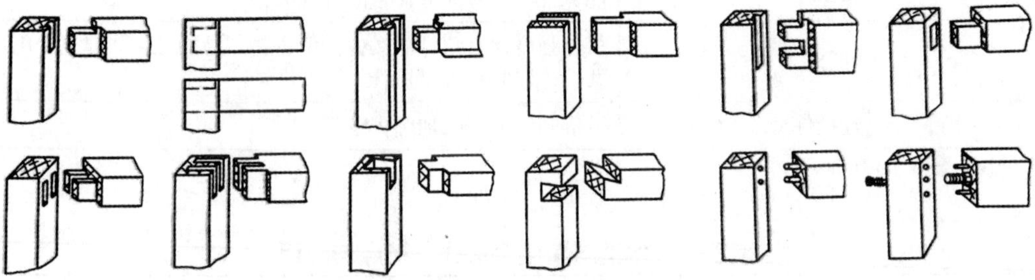

图3-24　木框直角接合的典型形式

② 斜角接合：两根方材接合后，其端面都不外露，外表美观，常用于外观要求较高的家具，如图3-25所示。木框斜角接合常用方式的特点与应用见表3-2。

覆面木框的角部可以采用闭口直角榫接合、榫槽接合和“Π”形骑马钉（扒钉、气枪钉）接合。

图3-25　斜角接合示例

表3-1 木框直角接合的形式、特点与应用

接合形式			特点与应用
直角榫	按榫头个数分类	单榫	易加工，为一般常用形式
		双榫	需提高接合强度，或零件在榫头厚度方向尺寸过大时采用
		纵向双榫	零件在榫宽方向尺寸过大时采用，可减小榫眼材的损伤，提高接合强度
	按榫端是否贯通分类	不贯通（暗）榫	较美观，为常用形式
		贯通（明）榫	强度较暗榫高，宜用于榫孔件较薄，尺寸不足榫厚的3倍，而外露榫端又不影响美观之处
	按榫侧外露程度分类	半闭口榫	兼有闭口榫、开口榫的优点，为常用形式
		闭口榫	构成木框尺寸准确，接合较牢，榫宽足够时采用
		开口榫	装配时方材不易扭动，榫宽较窄时采用
燕尾榫			能保证一个方向有较强的抗拔力
圆榫			接合强度比直角榫低30%，但省料、易加工；圆榫至少用两个，以防止方材扭转
连接件			可拆卸，需同时加圆榫定位

注：摘自《木材工业实用大全·家具卷》。

表3-2 木框斜角接合形式、特点与应用

接合形式	简图	特点与应用
单肩斜角榫	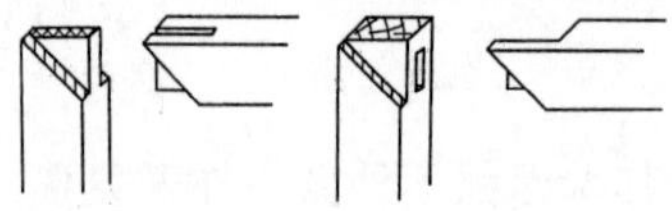	强度较高，适用于门扇边框等仅一面外露的木框角接合，暗榫适用于脚与望板间的接合
双肩斜角榫	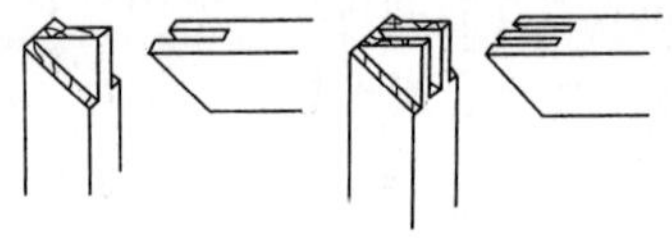	强度较高，适用于柜子的小门、旁板等一侧边有透盖的木框接合
双肩斜角暗榫	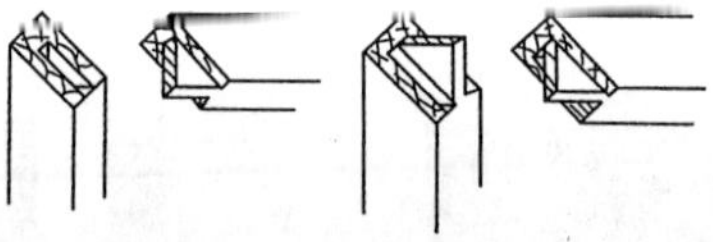	外表衔接优美，但强度较低，适用于床屏、屏风、沙发扶手等四面都外露的部件角部接合
插入圆榫	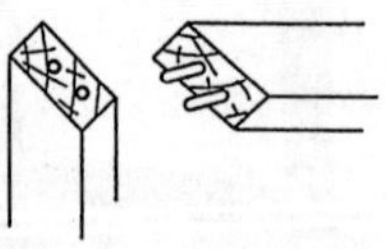	装配精度比整体榫低，适用于沙发扶手等角部接合
插入板条	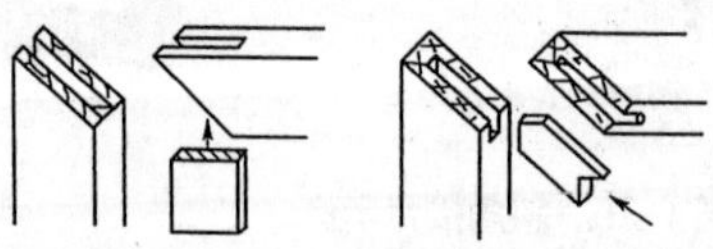	加工简便，但强度低，适用于小镜框等角部接合

注：摘自《木材工业实用大全·家具卷》。

（2）丁字形结构

家具中，木框中档与边框相接、中档间的连接都是丁字形结构。丁字形结构示例如图3-26所示，常用接合方式及其特点与应用见表3-3。

图3-26　丁字形接合示例

表3-3　丁字形接合形式、特点与应用

接合形式	简图	特点与应用
直角榫	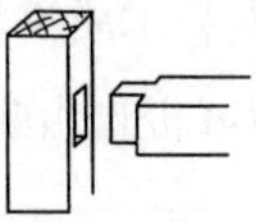	接合最牢固，依据方材的尺寸、强度与美观要求设计，有单榫、双榫和多榫，分暗榫和明榫
插肩榫	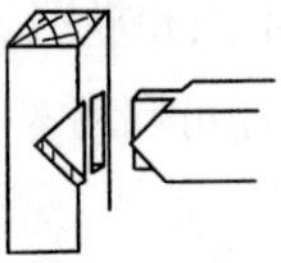	较美观，在线形要求比较细腻的家具中与木框斜角配合使用
圆榫	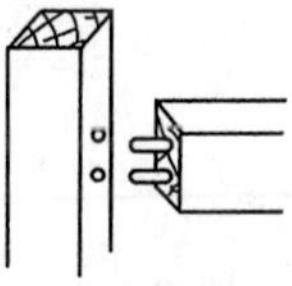	省料，加工简便，但强度与装配精度略低
十字搭接	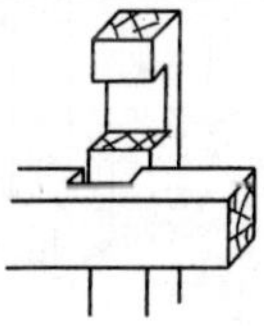	中档纵横交叉使用
夹皮榫	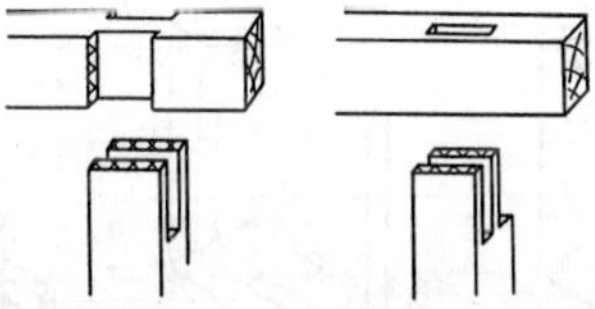	构成中档一贯到底的外观，如用于柜体的中梃
交插榫	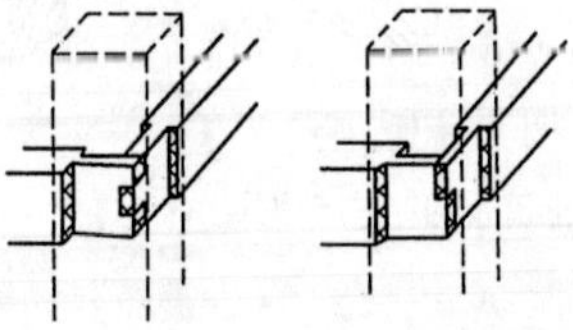	两榫汇交于榫眼方材内时采用，如四脚用望角、横枨连接的脚架接合。交插榫避免两榫干扰，保证榫长，还相互卡接，提高接合强度
燕尾榫	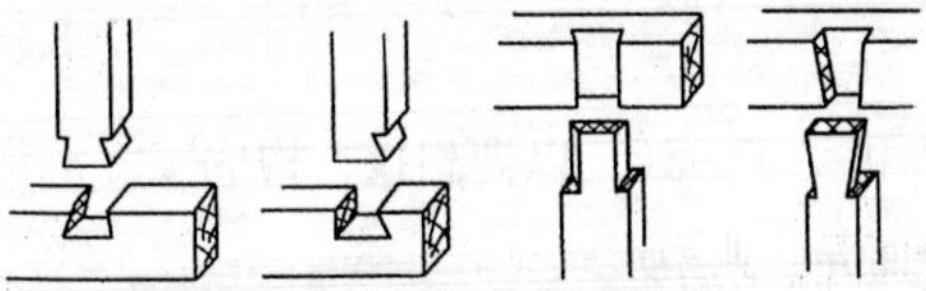	单面卡接牢固，加工简便，主要用于覆面板内接合

注：摘自《木家具制造工艺学》。

（3）木框嵌板结构

在木框内侧四周的沟槽内嵌入板件就构成木框嵌板结构。木框嵌板结构可镶嵌木质拼板、饰面人造板、玻璃或镜子等。如图3-27所示为木框内嵌木板，木框嵌板的常见结构形式如图3-28所示。

在木框中固定嵌板的方法有两种：槽口法嵌板和裁口法嵌板。

图3-27　木框嵌板示例

① 槽口法嵌板：在木框立边与帽头的内侧开出槽沟，在装配框架的同时将嵌板放入，一次性装配好。该方法外观平整，但不能拆卸更换嵌板，常用于嵌装木质拼板。如图3-28（a）所示为槽口法嵌板，嵌板槽深一般不小于8mm，同时需预留嵌板自由收缩和膨胀的空隙，槽边距框面不小于6mm，嵌板槽宽常用10mm左右。

② 裁口法嵌板：在木框内侧裁口，嵌板用木条和靠挡，木条用木螺钉或圆钉固定，该方法便于板件嵌装，板件损伤后也易于更换，还可利用木条构成凸出于框面的线条，常用于玻璃、镜子的嵌装。

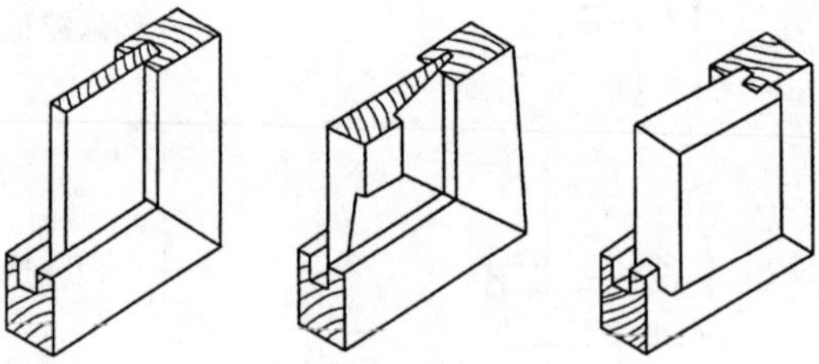
（a）槽口法嵌板

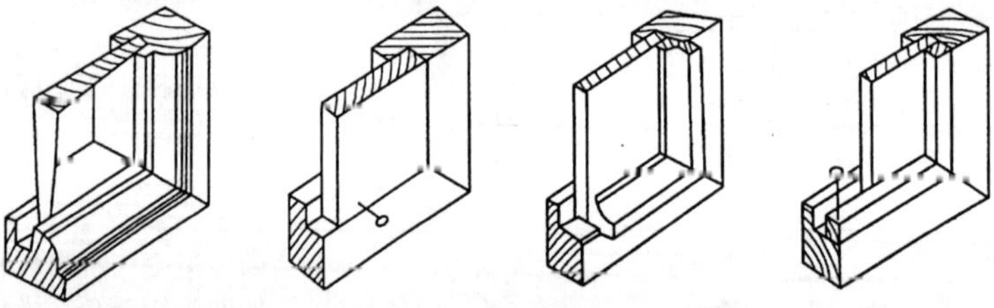
（b）裁口法嵌板

图3-28　木框嵌板的结构与种类

（4）三方汇交榫结构

纵、横、竖三根方材相互垂直相交于一处，以榫相接，构成三方汇交榫结构，如图3-29所示。其结构形式因使用场合而异，典型形式见表3-4。

图3-29　三方汇交榫接合示例

表3-4　三方汇交榫的形式、特点与应用

结构名称	简图	应用举例	应用条件	结构特点
普通直角榫	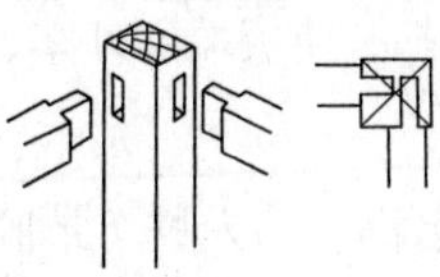	椅、柜框架连接	① 直角接合 ② 竖方断面足够大	用完整的直角榫
插配直角榫	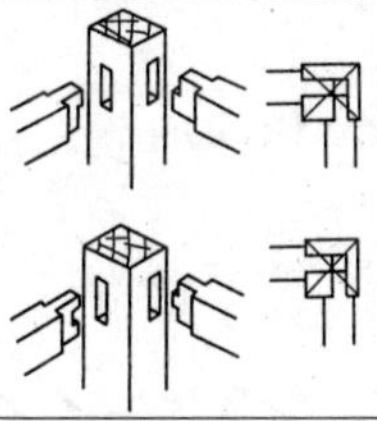	椅、柜框架连接	① 直角接合 ② 竖方断面不够大	纵横方材榫端相互减配、插配
错位直角榫	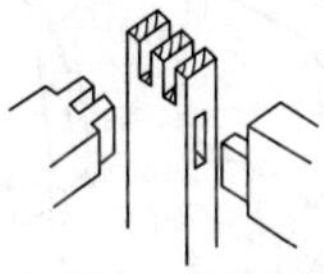	柜体框架上角连接	① 直角接合 ② 竖方断面不够大 ③ 接合强度可略低	用开口榫、减榫等方法使榫头上下相错
横竖直角榫	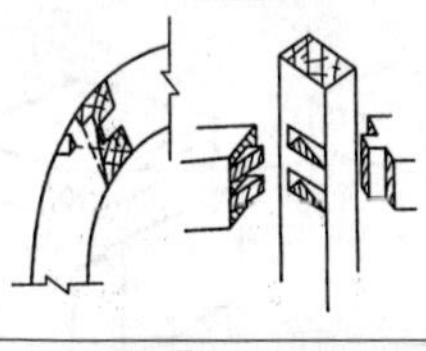	扶手椅后腿与望板的连接	① 直角接合 ② 弯曲的侧望、后望相对装入腿中	相对两榫头的颊面一横一竖，保证后望榫长，侧望榫接用螺钉加固
粽角榫（三碰肩）	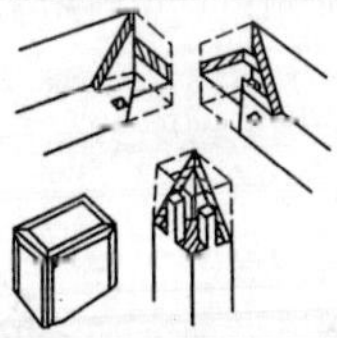	传统风格几、柜、椅的顶角连接	顶、侧朝外三面都需要有美观的斜角接合	纵横方材交叉榫数量由方材厚度决定，小榫贯通或不贯通

注：摘自《木材工业实用大全·家具卷》。

3.3.4 箱框

箱框是由四块以上的板件按一定的接合方式围合而成，常用的箱框，如抽屉、箱子、柜体等，如图3-30所示。箱框中间可设若干块中板（隔板、搁板），其结构主要在于箱框的角部接合与中板接合。

箱框

图3-30 箱框结构示例

箱框角部接合可以采用直角接合或斜角接合，有直角榫、燕尾榫、插入榫、木螺钉等固定式接合，如图3-31所示。接合强度以整体多榫为最高，在整体多榫中，又以明燕尾榫强度最高，斜形榫次之，直角榫再次。各种斜角接合都有使板端不外露、外表美观的优点，但接合强度较低，可再加塞角加强。

箱框中板接合常采用直角槽榫、燕尾槽榫、直角多榫、插入榫（带胶）等固定式接合，如图3-32所示。

箱框角部接合和中板接合也可以采用各种连接件拆装式接合。

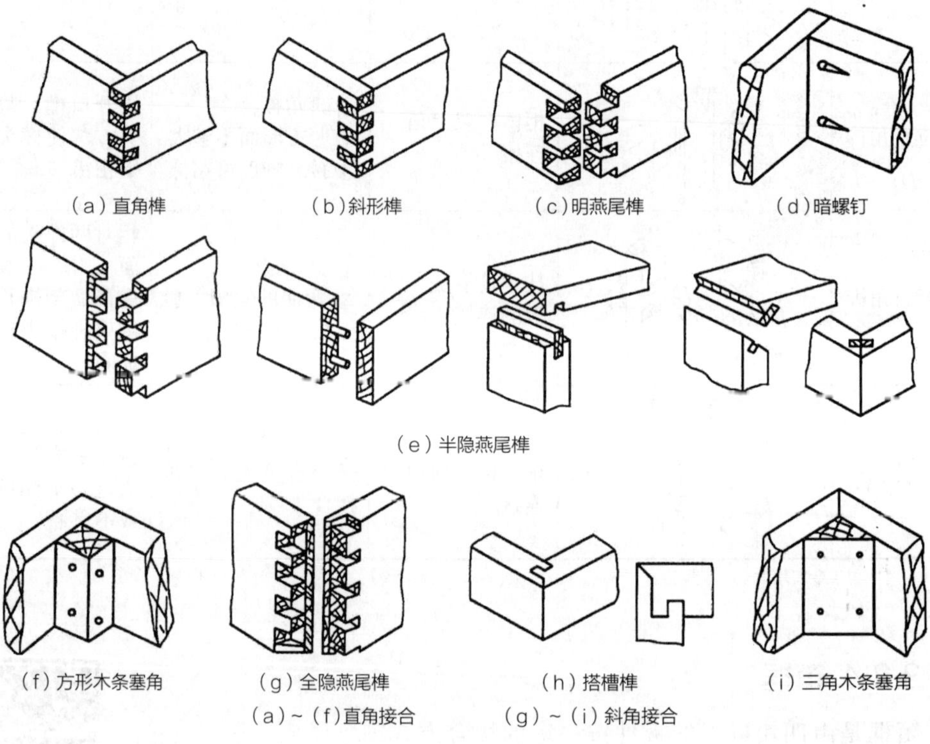

图3-31 箱框角部接合方式

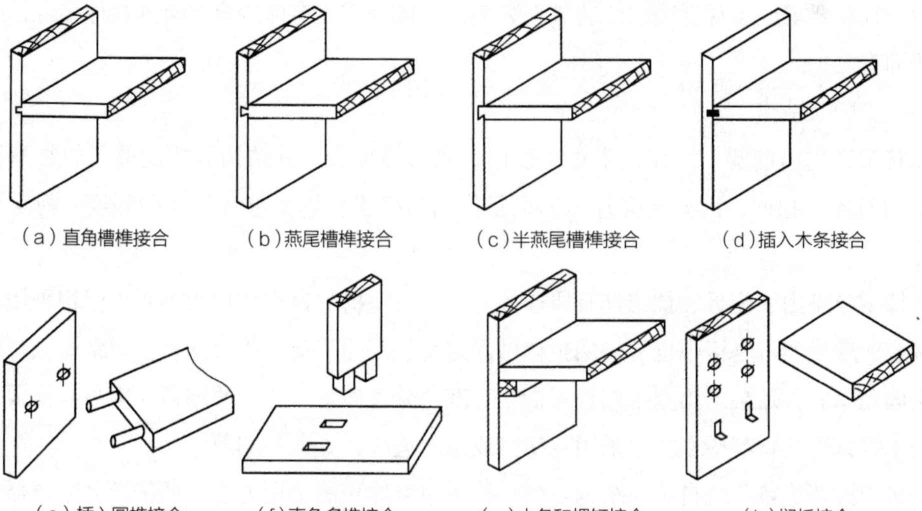

图3-32　箱框的中板接合方式

3.4 现代实木家具典型结构

传统实木家具几乎都不能拆装，为框架式结构，而现代实木家具结构接合形式更加多样化，有框架式结构和板式结构，且多融合了拆装式的接合。为了更好地适应现代工业化的生产方式，以便降低生产成本，提高效率，现代实木家具往往在结构设计中更加标准化。具体体现在：尺寸规格的统一化以及系列化、接合方式的通用化、连接件使用的规格化等，这种标准化的特点使机械化的成分更多。而传统实木家具一般都采用纯手工制作的榫接合形式，这是两者的差别之一，是不同时代下的产物。下面以常见的几种家具为例，讲解现代实木家具结构形式。

实木椅结构

3.4.1 现代实木家具——椅类结构

椅子是日常生活中使用频率较高的家具，一般由脚架、座面、靠背、扶手等部分构成。通过各种结构方式，协同完成功能上的不同要求。有时又由几个相邻部件连接组合而成，如支架连扶手、座面连靠背等，如图3-33所示。

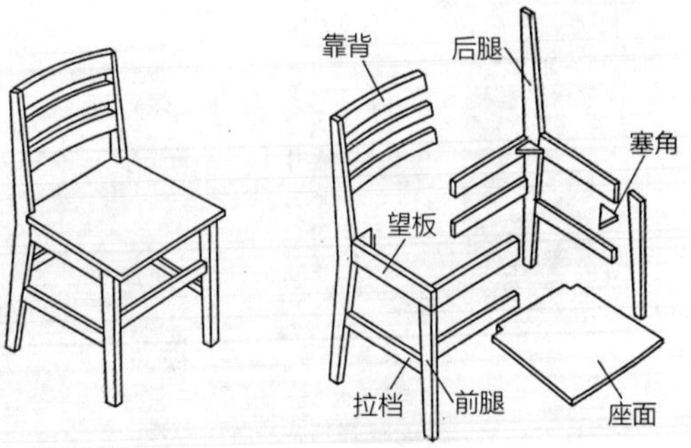

图3-33　椅子的构成

由于受技术、材料的限制，传统的椅类家具都是采用固定式的榫接合。而现代椅类家具考虑到批量生产、成本、流通等因素，往往要求能实现拆装、待装或自装配，其接合方式有榫接合也有连接件接合，或两者兼而有之。

（1）脚架结构

脚架结构由前腿、后腿、望板、拉档、塞角等组成。其结构方式随椅子的类型和材料不同而各不相同，因要经受外力的反复作用与撞击，均要求有足够的强度、稳定性和刚性。

椅腿与座面、望板、拉档都有所连接。固定式座椅的典型结构为各零件间均采用直角榫接合，现代实木座椅中也常采用圆榫做固定连接。为了提高接合强度，通常椅腿与望板连接固定以后，还会采用塞角作补强措施。塞角分金属塞角与木质塞角，塞角与椅腿之间采用木螺钉连接，与望板之间采用木螺钉或螺丝连接，如图3-34所示。

采用拆装、待装或自装配结构是缩小椅子包装体积的常用方法。椅子拆分应遵循包装体积小、装配简捷、安全可靠、节约成本等原则。要求拆装结构时可采用连接件接合，常采用圆榫定位，木螺钉或螺杆与预埋螺母固定的方式。如图3-35和图3-36所示为两种实木座椅的拆装结构。

椅子脚架拆装结构的设计要点：

① 将受力情况作为首要设计依据，确保受力后结构稳定。因此，较为常用的连接方法为椅框前后方向固定连接，左右方向用连接件连接，将椅框左右两侧的木框设计成固定

图3-34　座椅塞角补强措施

图3-35　实木座椅的拆装结构（1）

图3-36　实木座椅的拆装结构（2）

图3-37　座面结构

部件，两侧的木框与前后望板、靠背之间用连接件连接，此为左右拆分法。除此之外，还有前后拆分法和上下拆分法。

② 许多板式家具的连接件都适用于椅框和其他实木拆装结构，但实木拆装家具一般承重受力都较大，应该选用接合强度较高的连接件。

③ 两个零部件用连接件接合，还需要设置至少一个定位圆榫，以防止零件绕连接件转动。

（2）座面结构

椅子座面支承负荷大，且装饰性强，根据椅子种类不同，座面也不同，一般由实木拼板制作。结构上要紧密配合椅子脚架的不同结构形式，常用的连接方式有用木螺钉从底部与望板框架连接或用角码将座面与望板连接，如图3-37所示。

（3）椅背结构

椅背是人坐在座椅上时后背及脖颈凭靠的部位，因此，应同时满足装饰要求和使用功能，要有很好的人体工程学性能。椅背一般由框架结构组成，形式上有水平式、垂直式等多种形式，构件一般有线材和板材两类，根据不同的形式可采用榫接合，也可用螺钉接合等，如图3-38所示。

（4）扶手结构

扶手是用来支撑人体手臂的部件，其在结构上主要是跟椅腿连接，如扶手为出头，即“T”字形连接，则接合处多用圆榫或直角榫接合；如扶手为不出头，即“L”形连接，则常采用斜肩榫或圆榫接合。

图3-38 椅背结构示例

3.4.2 现代实木家具——桌台类结构

桌类家具由面板、脚架、望板、附加柜体和抽屉等组成，在结构上同样有拆装式和固定式两种。

实木桌结构

（1）桌脚架结构

桌脚架位于桌面以下，用于支撑桌面，形成框体，它不仅体现家具造型，而且要具有满足稳定性的强度和刚度，按结构分为框式支架和板式支架。

① 框式支架：典型的框式结构，由支撑腿与望板和横枨接合构成。固定式结构，采用直角榫接合，如图3-39和图3-40所示。现代家具设计可用连接件完成木框支架，如图3-41所示。为满足功能和造型需要，腿与望板和横枨结构形式有很大不同，有时需要折叠、伸缩等，便于贮存和运输。

② 板式支架：用板材构成支架直接支撑桌面，不拘泥于四腿的传统形式，多采用连接件完成板式支架。

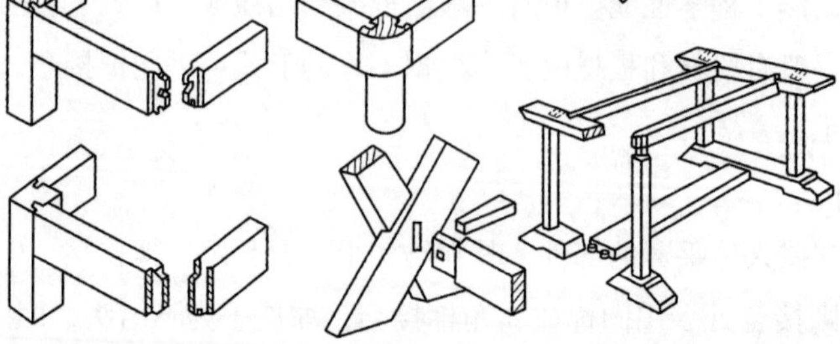

图3-39 方桌支架的构造形式（四腿）

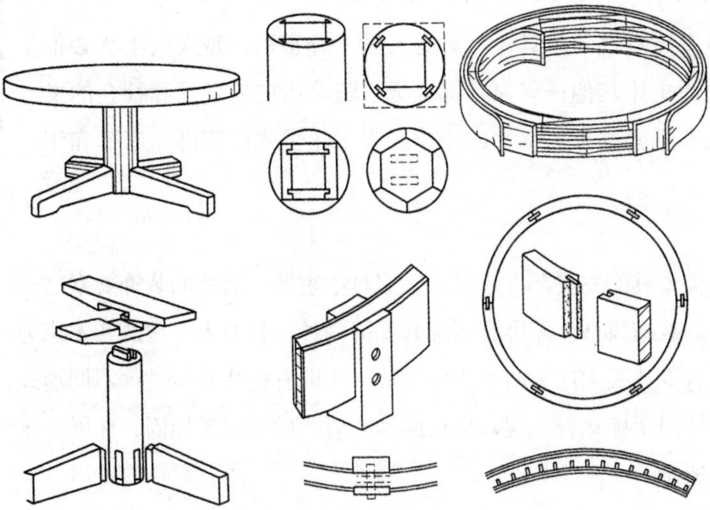

图3-40　圆桌支架的构造形式（独腿）

图3-41　木框支架的连接件连接

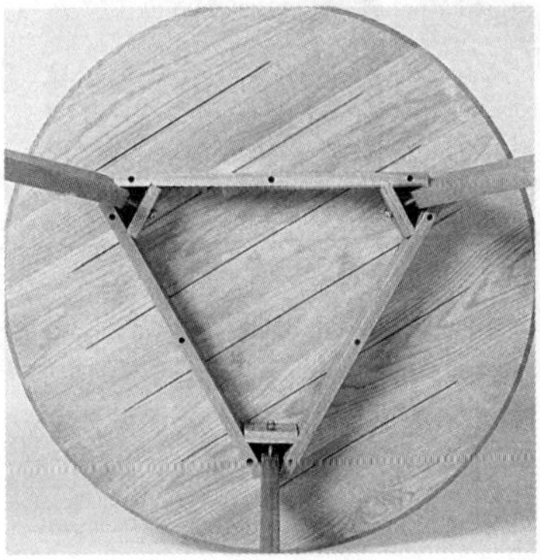

图3-42　木螺钉吊面

（2）桌面结构

实木桌面同椅面一样，常用实木拼板制作，可做成圆形、方形、长方形等。如果具有扩展功能的桌子，面板构造要附有附加面板，可通过折动或连动装置，改变面板形状，使用灵活。

支架与桌面的连接一般有三种方式，即榫接合、木螺钉吊面和连接件连接。传统框式家具常采用榫接合，将与面板接触的方材上端加工出榫头，插入面板背面预先开出的榫眼中。也可采用圆榫，适用于实木拼板、木框嵌板等制作的桌面，此种方法加工复杂，不可拆装，生产成本较高，不适合机械化、自动化生产。木螺钉吊面是在望板上预先开孔，然后通过拧入木螺钉使支架与面板连接，如图3-42所示。现代家具生产根据不同的质量和工艺要求，支架与桌面还会采用各种不同形式的连接件连接，如偏心连接件等。

3.4.3 现代实木家具——床类结构

床是支撑人体睡眠的家具，与人的关系十分密切，是人类生活必备的家具。它的历史比其他任何家具都久远。随着历史的变迁和社会的发展，床的形式和结构都有了很大的变化。实木床主要由床屏、床梃和床板等部件组成。

实木床结构

（1）床屏

床屏是床类家具的主要部件，是卧室家具中重要、活跃的装饰要素之一，它的形式往往决定着卧室的装饰风格。床屏有高屏和低屏两种，目前大多数的实木床为一高屏和一低屏方式，但也有少数实木床为两个高屏方式。床屏有框式和板式等不同形式，一般框式床屏部件中各零件间用榫接合，实木拼板床屏一般背后用木条加固，床屏与床腿用木螺钉连接，如图3-43所示。

图3-43　床屏的结构

（2）床梃

床梃俗称床帮，用以连接高床屏和低床屏，与其他部件一起支撑床板。床梃可以是一条长条状构件，也可以是箱状结构，也称为床箱，与床下空间一起构成小的储藏空间，用于收纳物品。

现代实木床的床梃与床屏常采用拉挂式、螺钉螺母式等连接件实现拆装式连接，有利于床类家具的包装、运输与搬动，如图3-44所示。为了支撑床铺板和增加床架的稳定性，两床侧之间要用若干条床横条连接。

（3）铺板

铺板辅助床架起支撑作用，铺设在床架与床垫之间。铺板可以采用木条与床侧榫接合而成或螺丝固定，如图3-45（a）（b）所示；也可制作成木框嵌板结构，如图3-45（c）所示，直接平放在两床侧之间的横条上或用钉子、连接件固定。现代床具的铺板还可制作成有弹性的排骨架，其更符合人体工程学原理，承受力更大、更均匀，有的还具有可掀起、可折叠功能，如图3-45（d）所示。

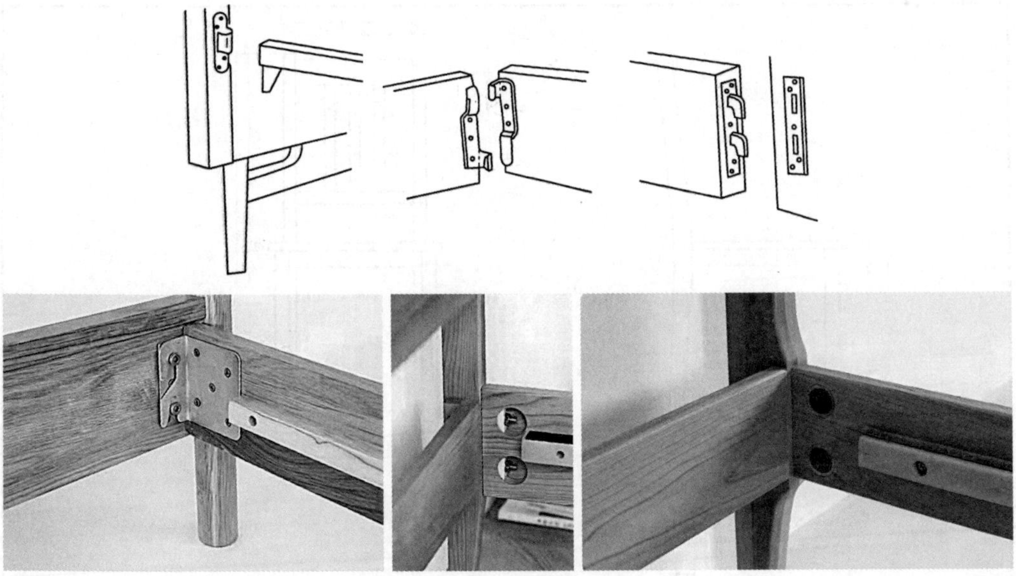

图3-44　床梃与床屏连接结构

（a）木条（1）　（b）木条（2）　（c）木框嵌板　（d）可掀起或可折叠

图3-45　床铺板示例

3.5 现代实木家具结构设计实例

本节以市面上比较常见的一款现代拆装式结构实木座椅为例，如图3-46所示，简要阐述其结构设计特点。

（1）设计图

图3-47为此实木座椅的设计图，它由靠背处的一个搭脑、三个竖档、一个横档、两条前腿、两条后腿、一块座面、四块望板、左右各一个拉档，共计十六个主要零件组成。

（2）结构装配图

为方便运输，此座椅采用平板式包装，设计为拆装式结构，采用左右拆分法，将其拆分为六个零部件：由前后腿、侧望板和拉档组成的部件两个，靠背部件，前后望板和座面，如

图3-46　拆装式实木座椅

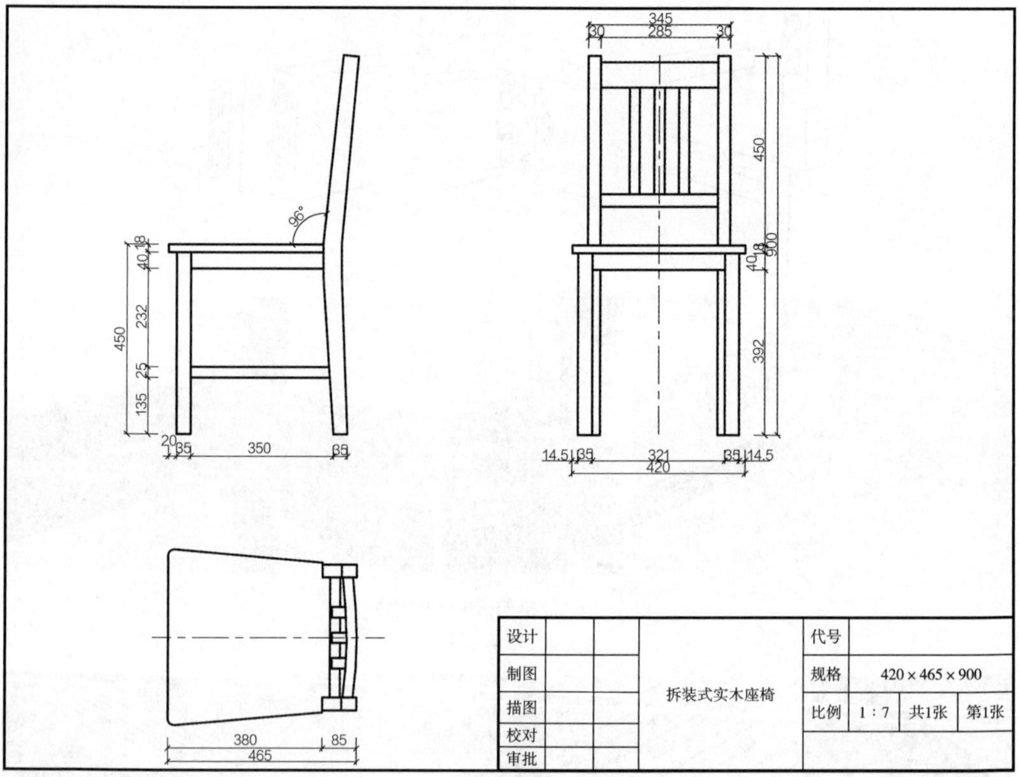

图3-47 拆装式实木座椅设计图

图3-48所示。其结构设计如图3-49所示：前后腿与侧望板、拉档间及靠背部件间采用固定式榫接合；后腿与靠背部件、后望板间以及前腿与前望板间采用拆装式接合，接合点用圆榫定位，通过预埋螺母和螺杆完成坚固连接；座面用角码连接件与前后望板连接在一起，也可用木螺钉在下方连接固定前后望板与座面。

（3）装配效果图

装配效果图如图3-50所示，可直观地看到各拆装零部件的接合方式。

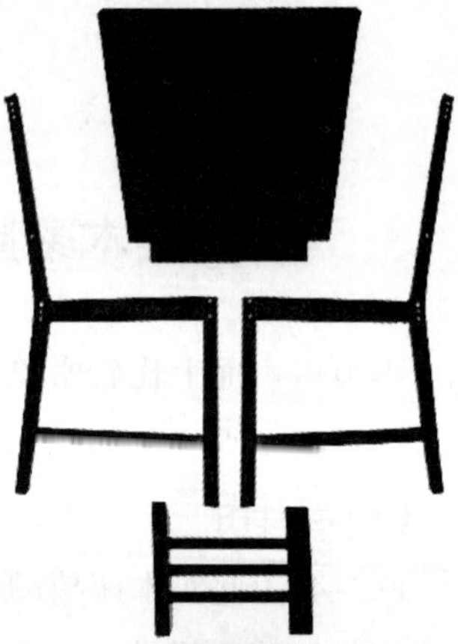

图3-48 拆装式椅子的零部件

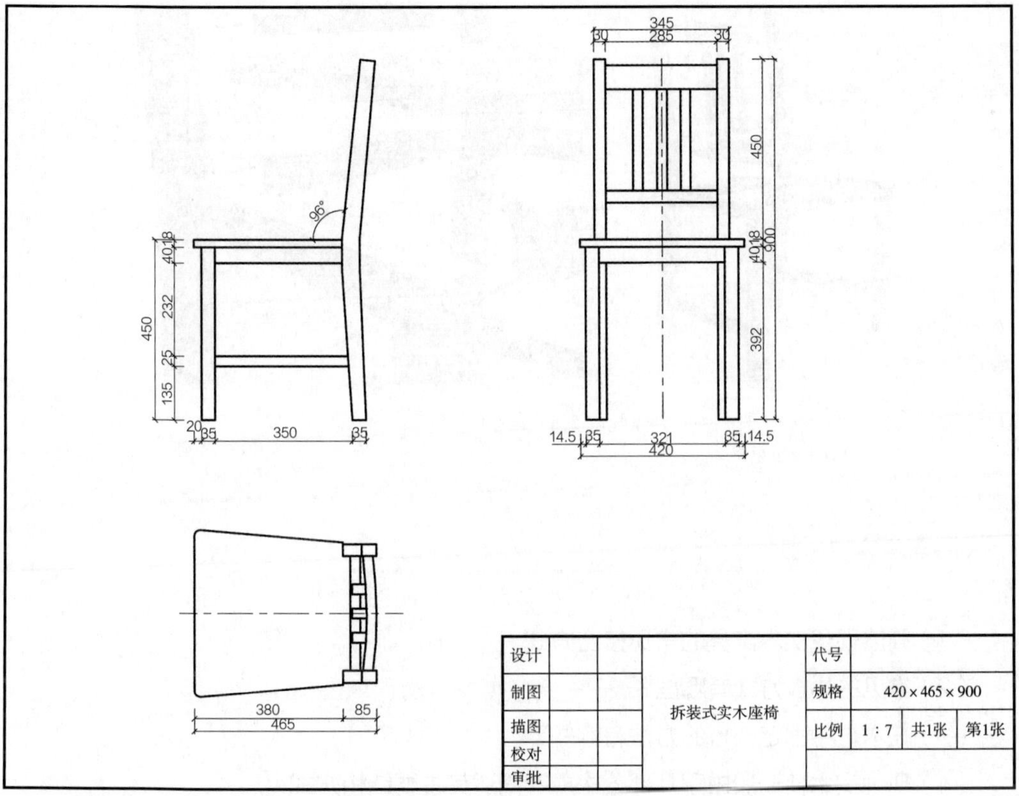

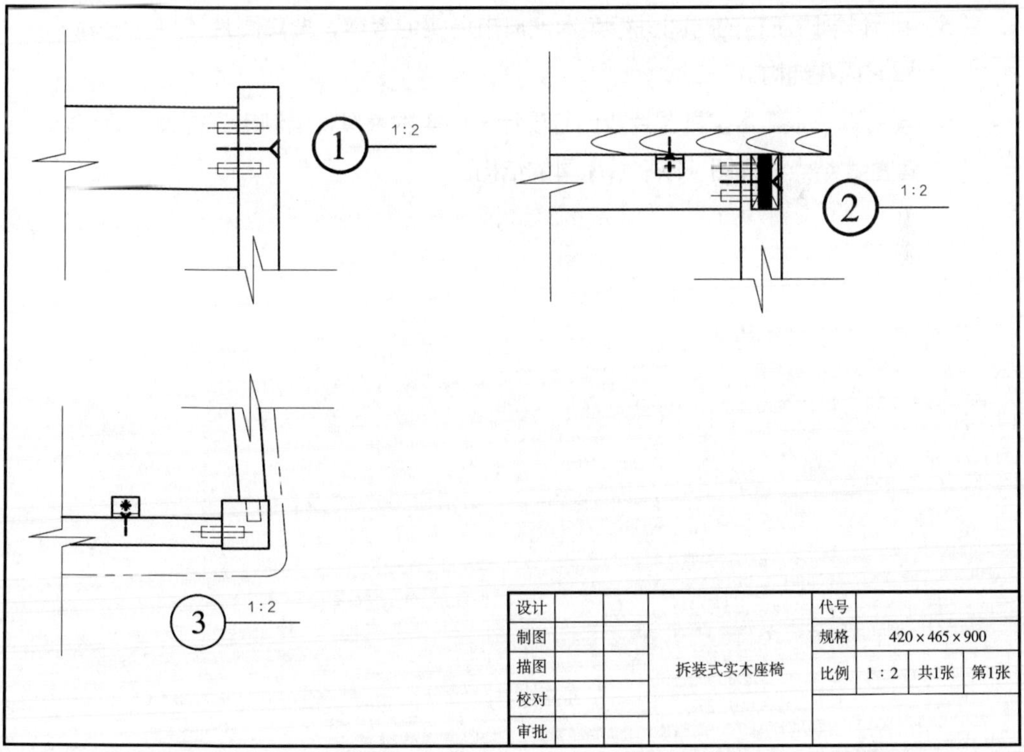

图3-49　拆装式实木座椅结构装配图

图3-50 拆装式实木座椅装配效果图

课后思考与练习

（1）简述现代实木家具的常见接合方式。

（2）常见的拼板方式有哪些？

（3）在木框中固定嵌板的方法有哪些？

（4）现代实木椅一般由哪几部分构成？简述其主要结构方式。

（5）利用4学时左右的时间进行实木家具市场实地考察，搜集图片资料，分析了解其内在结构。

（6）学生选一张实木家具图片或自行设计一件实木家具，绘制出三视图、结构装配图、结点大样图，以了解家具的结构。

第4章　板式家具结构设计

>>>学习目标

> 熟悉、了解板式家具用材及规格。
> 熟悉、掌握柜类家具的构成形式与结构特点。
> 熟悉、了解32mm系统概念特点。
> 熟悉32mm系统设计规范。
> 掌握32mm系统中标准板的设计。
> 熟悉32mm系统家具设计流程。

4.1 板式家具的材料与结构特点

板式家具是以人造板为主要基材，配以各种贴纸、木纹纸或木皮，经封边、喷漆修饰，以板件为主体，采用专用的五金连接件或圆榫连接装配而成的家具，是以板件为基本结构的拆装组合式家具。

4.1.1 板式家具的用材

常用材料

常见的人造板材有胶合板、蜂窝板、刨花板、中纤板等。

（1）胶合板

胶合板（夹板）常用于制作需要弯曲变形的家具。

（2）蜂窝板

蜂窝板是由两块较薄的面板，牢固地黏结在一层较厚的蜂窝状芯材两面而制成的板材，也称蜂窝夹层结构。蜂窝状芯材是用浸渍过合成树脂（酚醛、聚酯等）的牛皮纸、玻璃布和铝片等，经加工黏合成六角形空腹（蜂窝状）的整块芯材。

在家具制造业推广使用蜂窝复合材料，将会大大减少木材的使用量，而且能改善人造板变形的缺陷。以20mm厚度的板材为例，如果使用2.5mm的中纤板为面板制成蜂窝复合板，材料的用量和重量仅为实心中纤板的1/4左右；而复合板的成本却只有实心板的1/2左右，并且复合板具有重量轻、不易变形、运输方便等优点。因而，在欧洲，80%以上的内房门为蜂窝复合门，大多数20mm厚度以上的家具板材为蜂窝复合板。

（3）刨花板

刨花板是将木材加工过程中的边角料、木屑等切削成一定规格的碎片，经过干燥，拌以胶黏剂、硬化剂、防水剂，在一定的温度下压制而成的一种人造板材。刨花板结构比较均匀，加工性能好，可以根据需要加工成大幅面的板材，是制作不同规格、样式家具较好的原材料。成品刨花板不需要再次干燥，可以直接使用，吸音和隔音性能也很好。但它也有其固有的缺点，因为边缘粗糙，容易吸湿，所以用刨花板制作的家具封边工艺就显得特别重要。另外，由于刨花板容积较大，用它制作的家具，相对于其他板材来说，也比较重。

（4）中纤板

中纤板是密度板的一种，按国家标准GB 11718—2021《中密度纤维板》规定：以木质纤维或其他植物纤维为原料，施加醛脲树脂或其他适用的胶黏剂，制成密度在0.50～0.88g/cm^{3}范围内的板材，称为中、高密度纤维板，简称“中纤板”。中纤板纤维组织均匀，纤维间的胶合强度高，故它的静曲强度、平面抗拉强度、弹性模数好，但握钉力等比实木颗粒板弱，因为中纤板是原木磨成纤维，完全改变了木材的结构，且吸湿、吸水性能、厚度膨胀率较高。中纤板，按其厚度的不同，分为高密度板、中密度板、低密度板，中纤板的甲醛含量较刨花板也要少一点。

中纤板表面平整、光滑，便于胶黏、刨制薄木和薄页纸等饰面材料，且便于涂饰，节约涂料。中纤板比刨花板握钉力差，螺钉旋紧后如果发生松动，由于密度板的强度不高，很难再固定。

（5）实木颗粒板

实木颗粒板是以刨花板工艺生产的板材，是刨花板的一种，属于均质刨花板。均质刨花板的学名叫定向结构刨花板，是一种以小径材、间伐材、木芯、板皮等为原料，通过专用设备加工成长40mm或70mm，宽5mm或20mm，厚0.3mm或0.7mm的刨片，经干燥、施胶和专用的设备将表芯层刨片纵横交错定向铺装后，再热压成型的一种人造板。

现在国内板式家具行业中，比较有实力、质量口碑较好的企业较多选用实木颗粒板和中纤板两种。因为这两种板材不管在价格上还是质量上，相对比较适合现在中国衣柜行业的发展，但这两种板材在本质上也有很大的区别。

4.1.2 板式家具的贴面形式

在贴面的部分，可选择的材料有很多种，板式家具常见的饰面材料有薄木（俗称贴木皮）、三聚氰胺饰面、木纹纸（俗称贴纸）、聚酯漆面（俗称烤漆）等。后两种饰面通常用于中低档家具，而天然木皮饰面多用于高档产品。

贴面材料

（1）贴纸家具

贴纸家具易磨损，怕水，不堪碰撞，但价格低廉，属于大众化产品。比较而言：贴纸家具木纹显得比较假，无色差，无节疤，手感光滑平整，无纹路感，在边角处容易露出破绽。另外，木纹纸因厚度很小（0.08mm），在两个平面交界处会直接包过去，造成两个界面的木纹是相接的（通常都是纵切面）。

（2）三聚氰胺饰面

将装饰纸表面印刷花纹后，放入三聚氰胺胶浸渍，制作成三聚氰胺饰面纸，再经高温热压在板材基材上。表面纹理真实感强，耐磨，耐划，防水性较好，易于生产，主要用于板式家具的制造。市场上常见的还有进口的三聚氰胺板，如奥地利爱家板、德国菲德莱板等，其表面经过了特殊处理，在耐磨等性能方面，与普通三聚氰胺板相比，更适合厨房环境使用。

（3）防火板贴面

防火板贴面耐磨且不怕烫，有木纹、素面、石纹或其他花饰，多用于板式家具、橱柜等。一般是由表层纸、色纸、基纸（多层牛皮纸）三层构成的。表层纸与色纸经过三聚氰胺树脂成分浸染，使耐火板具有耐磨、耐划等物理性能。多层牛皮纸使耐火板具有良好的抗冲击性、柔韧性。防火板的厚度一般为0.8mm、1mm和1.2mm。防火板的耐磨、耐划等性能要优于三聚氰胺板，而三聚氰胺板价格低于防火板。

（4）实木皮饰面

将实木皮经高温热压机贴于中纤板、刨花板、多层实木等板上，成为实木贴皮饰面板，因木皮有进口与国产之分以及名贵木材与普通木材之分，可选择范围较大，所以实木皮的材质种类及厚度决定了实木贴皮饰面板的档次，目前标准贴面木皮是0.6mm。木皮家具有自然的节疤、色差及纹路变化，用手触摸有木纹感；制作中遇到两个相邻交接面时，通常不转弯，而是各贴一块，因此两个交接面的木纹通常不会衔接。

原木皮贴面时，常见木皮的色彩从浅到深，有樱桃木、枫木、白榉、红榉、水曲柳、白橡、红橡、柚木、黄花梨、红花梨、胡桃木、白影木、红影木、紫檀、黑檀等。

实木贴皮板表面需做油漆处理，因贴皮与油漆工艺不同，同一种木皮易做出不同的效果，所以实木贴皮对贴皮及油漆工艺要求较高。实木贴皮板因其手感真实、自然，档次较高，是目前国内外高档家具的主要饰面方式，但相对来说材料及制造成本较高。

（5）聚酯漆面

聚酯漆面俗称烤漆面，它是以密度板为基材，经过多次喷涂进口漆再高温烤制而成。表面经过打磨、上底漆、烘干、抛光而成，分亮光、亚光及金属烤漆三种。烤漆面颜色多样，表面抗污，容易清洁，除了广泛用于制作板式家具，也非常受厨卫厂家的欢迎。优点是色彩鲜艳，视觉冲击力强，防潮、防水性能优越，易清洁，不渗油，不褪色。表面烤漆能够有效防水、防潮，不需封边，不褪色。缺点是怕磕碰和划痕，损坏后很难修补。而中高档板式家具则多为烤漆，目前最好的要数钢琴烤漆板式家具，这也是板式家具最常用的表面工艺。目前最多的烤漆为八层，一般优质的板式烤漆家具都为六层烤漆。

4.1.3 板式家具的结构特点

板式家具的结构包括板式部件本身的结构和板式部件之间的连接结构，其主要特点如下：

① 结构稳定，不易变形。

② 自动化高效生产可以做到高产量，从而增加利润。

③ 加工精度由高性能的机械来保证，从而可生产出满足消费者要求的高品质产品。

④ 预先进行的生产设计可减少材料和劳动力消耗。

⑤ 便于质量监控。

⑥ 使用定厚工业板材，可减少厚度上的尺寸误差。

⑦ 便于搬运。

⑧ 便于自装配（RTA）工作的实现。

4.2 板式家具的接合方式

由于板式部件的主要原材料为中密度纤维板、刨花板、胶合板、集成材、空心覆面板等，这些原材料的形状、尺寸、结构及物理力学等特性决定了板式家具特有的接合方式。因各部件已无法采用古代的“榫卯连接”，这就要求我们去寻找新的连接及接合方法，这样插入榫与现代家具五金被有效地利用上了。板式家具应用各种五金件将板式部件有序地连接成一体，形成结构简洁、接合牢固、拆装自由、包装运输方便、互换性与扩展性强、利于实现标准化设计、便于木材资源有效利用和高效生产的结构特点。

板式家具的接合方式（1）

目前板式家具常用的连接方式主要有固定连接、活动连接和其他连接。

4.2.1 固定连接

固定连接是指两零部件间形成的坚固接合，接合后两部件间没有相对运动。家具部件间的接合大多数为这种形式，如柜类及桌类的旁板与顶板、底板的接合等。板式家具固定连接中主要是各种可拆装连接结构，典型的品种有一字型偏心连接件、直角型偏心连接件、螺钉连接件、背板连接件、外露直角连接件、插接式连接件等。

4.2.1.1 偏心连接件

偏心连接件的种类有一字型偏心连接件、直角型偏心连接件。其中，一字型偏心连接件又可分为三合一偏心连接、二合一偏心连接件、快装式偏心连接件。

（1）三合一偏心连接件

三合一偏心连接件由偏心体、吊紧螺钉及预埋螺母组成，安装形式如图4-1所示，由于这种偏心连接件的吊紧螺钉不直接与板件接合，而是连接到预埋在板件的螺母上，所以吊紧螺钉抗拔力主要取决于预埋螺母与板件的接合强度，拆装次数也不受限制。

有时在同一接合点上要交叉连接三块板式部件，此时可采用下面的两种方式来实

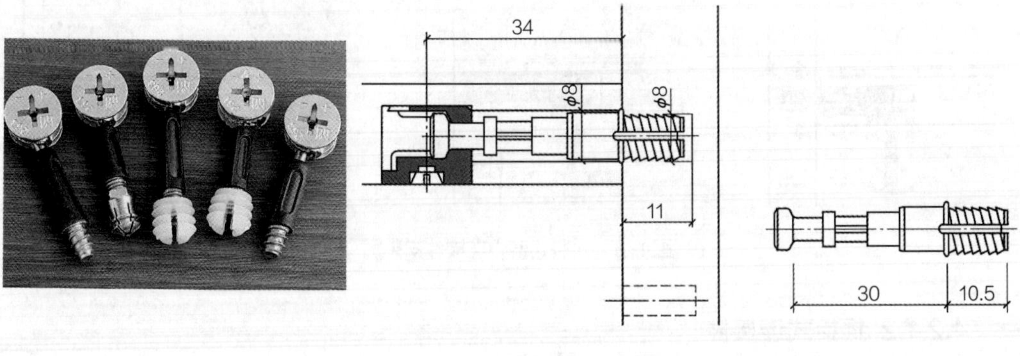

图4-1　三合一偏心连接件

现。第一种方式是用两个偏心件和一根双端吊紧杆完成接合［图4-2（a）］，第二种方式是用两组二合一偏心连接件［图4-2（b）］或两组三合一偏心连接件［图4-2（c）］完成接合。采用第一种方式连接时，偏心体安装孔的位置受中间板件厚度的影响，即当选用长度一定的双端吊紧杆时，偏心体安装孔离板边缘的距离会因选择的中间板件厚度不同而变化，不利于标准化、通用化和模块化设计。此外，中间板件厚度公差也会影响连接件接合强度，而第二种方式则没有上述问题。

（2）快装式偏心连接件

快装式偏心连接件由偏心体、膨胀式吊紧螺钉组成，如图4-3所示。快装式偏心连接件是借助偏心体锁紧时拉动吊紧螺钉，吊紧螺钉上的圆锥体扩粗倒刺膨管直径，从而实现吊紧螺钉与旁板紧密接合。安装吊紧螺钉用的孔的直径精度、偏心体偏心量的大小将直接影响其接合强度。

板式家具的接合方式（2）

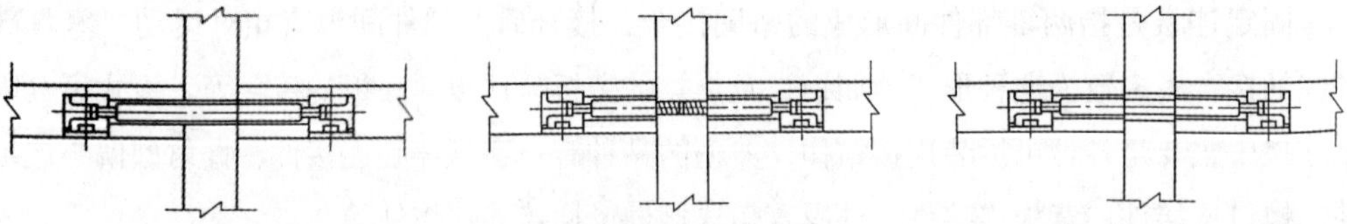

（a）两个偏心件和一根双端吊紧杆　（b）两组二合一偏心连接件　（c）两组三合一偏心连接件

图4-2　一字型偏心连接件安装图

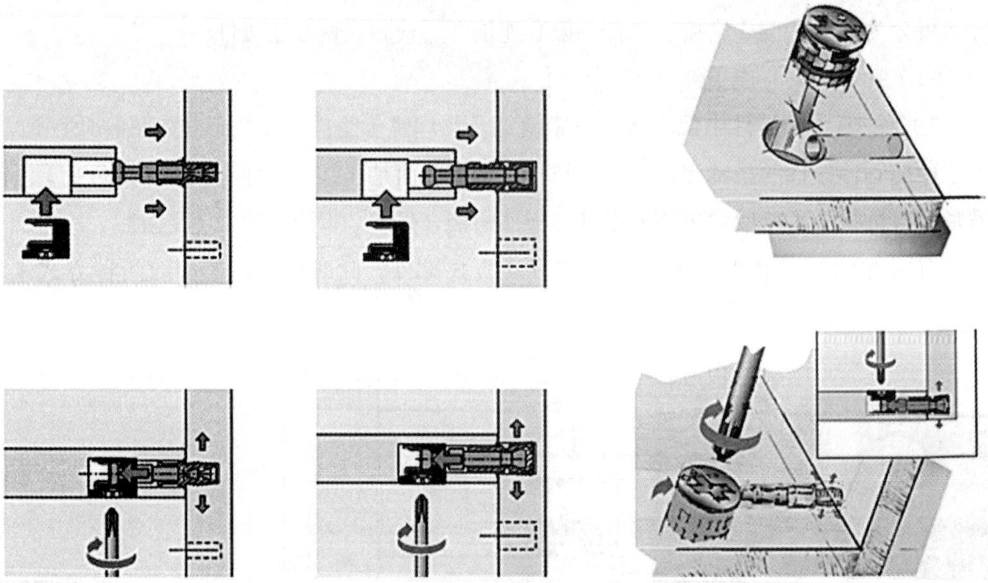

图4-3　快装式偏心连接件安装图

4.2.1.2 插接式连接件

插接式连接件是母件对子件采用自上而下插接的方式，并依靠斜面构件获得扣紧配

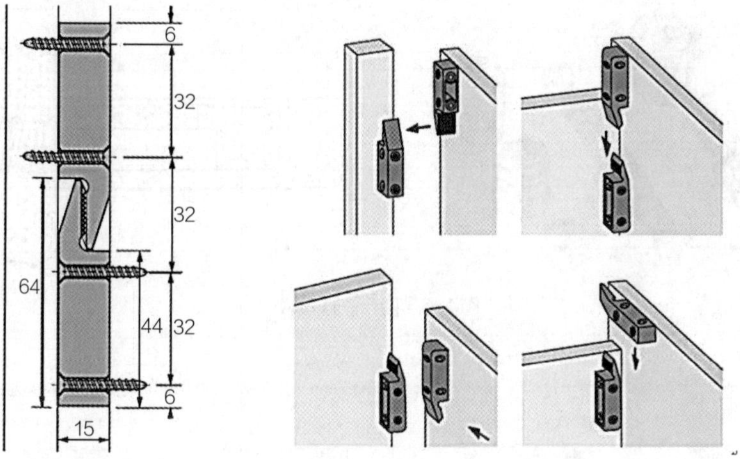

图4-4　插接式连接件结构示意图

合，如图4-4所示。

4.2.1.3 锤子连接件

锤子连接件由长螺栓及圆柱螺母两部分组成，装配后如一把锤子嵌在家具中，故称为锤子连接件，如图4-5所示。锤子连接件用于各种重载柜体板件的直角连接，使用方便灵活，接合强度高，承载能力强。缺点是钉头外露，影响美观。

4.2.1.4 其他拆装连接件

其他拆装连接件主要有四合一连接件（用于书柜、文件柜等重载场合）、板件对接连接件、板件叠合连接件等，如图4-6至图4-8所示。

4.2.2 活动连接结构

活动连接结构是指两部件间有相对运动或转动滑动的结构方式，它依赖于一些专门的活动连接件实现。典型的品种有各种铰链、移门滑道、抽屉滑道等。

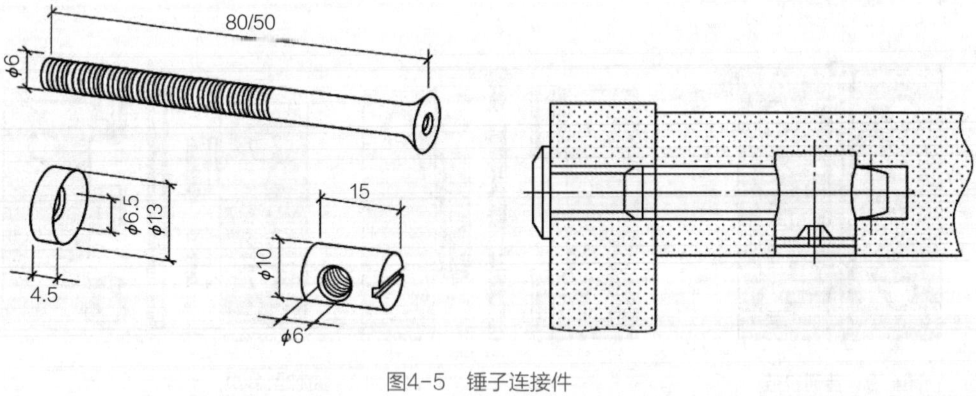

图4-5　锤子连接件

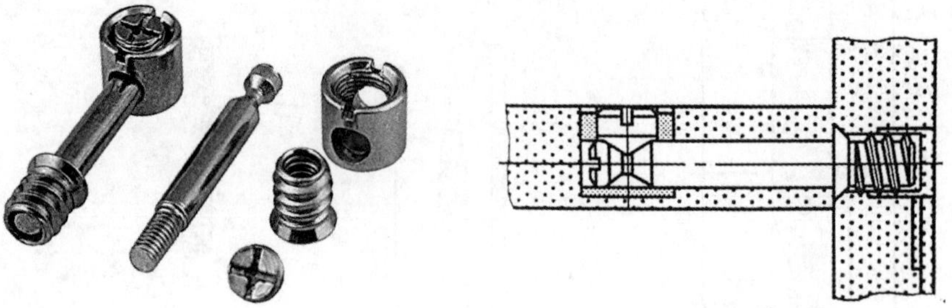

图4-6 四合一连接件

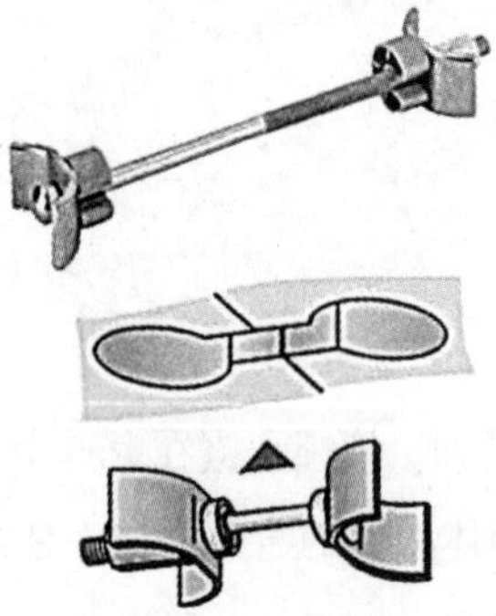

图4-7 板件对接连接件

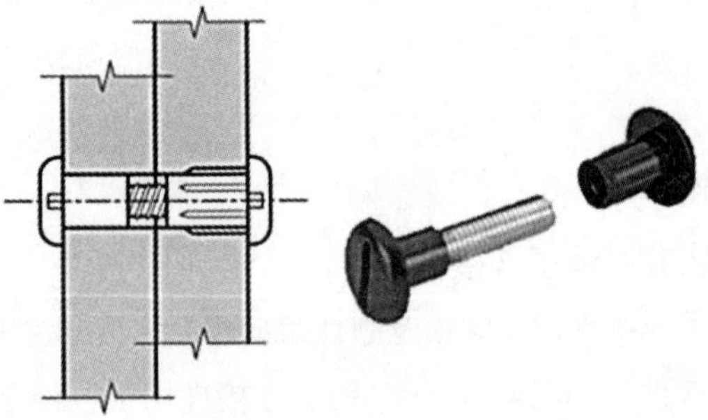

图4-8 板件叠合连接件

（1）普通铰链

普通铰链用于屋内装修中的木质门窗及低档家具。特点：铰链外露，无自闭功能。优点：使用方便，价格低廉。普通铰链如图4-9所示。

（2）抽芯型合页

抽芯型合页主要用于要求拆装方便的门、窗的安装，只要抽出合页的抽芯，便可将门、窗取下来。抽芯型合页如图4-10所示。

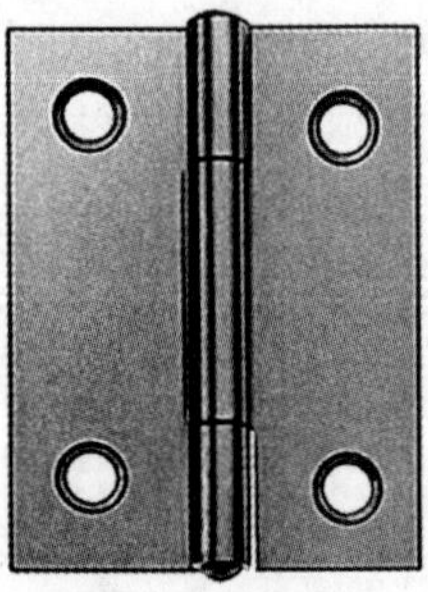

图4-9 普通铰链

图4-10 抽芯型合页

（3）暗铰链

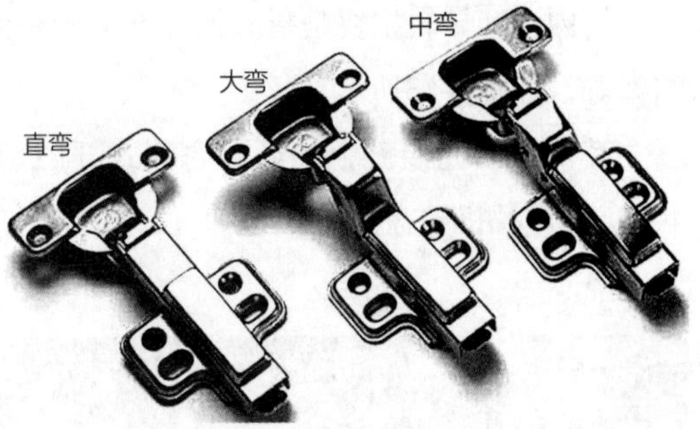

图4-11　杯状暗铰链

暗铰链用于安装家具的门板。其特点是使门板能紧密关闭，且不影响家具的外观，是一种国际上流行的通用合页。最常用的是杯状暗铰链，由铰杯、铰链杆、铰臂及底座组成。铰杯、铰链杆及铰臂预装成一体，即杯状暗铰链的成品由铰链本体和底座两大部分组成，如图4-11所示。

杯状暗铰链的种类较多，按连接的材料可分为木质门暗铰链、玻璃门暗铰链、铝合金门暗铰链；按门与旁板的角度可分直角型暗铰链、锐角型暗铰链、平行型暗铰链、钝角型暗铰链；按门的最大开启角度可分为小角度（95° 左右）型暗铰链、中角度（110° 左右）型暗铰链、大角度（125° 左右）型暗铰链、超大角度（160° 左右）型暗铰链；按承载的重量可分为轻载荷型暗铰链、普通载荷型暗铰链、中等载荷型暗铰链、大载荷型暗铰链；按装配速度可分为普通型暗铰链、快装型暗铰链；按门的装卸方便程度可分为需工具型暗铰链、免工具型暗铰链；按工作时噪声可分为普通型暗铰链和静音型暗铰链；按铰杯和底座的材料可分为塑料暗铰链和金属暗铰链；按底座的位置微调能力可分为不可调型暗铰链、单向可调型暗铰链、多向可调型暗铰链。

（4）抽屉滑道及柜内侧装推拉式导轨（领带架、裤架、鞋架、收纳架）

根据滑动的方式不同，抽屉滑道可以分为滑轮式和滚珠式，滚珠式如图4-12所示；根据安装位置的不同，又可分为托底式、中嵌式、底部两侧安装式、底部中间安装式等；根据抽屉拉出距离柜体的多少可分为单节导轨、双节导轨、三节导轨等，三节导轨多用于高档或抽屉需要完全拉出的产品中。产品有多种规格，一般用英制，可根据抽屉侧板的长度自由选择。

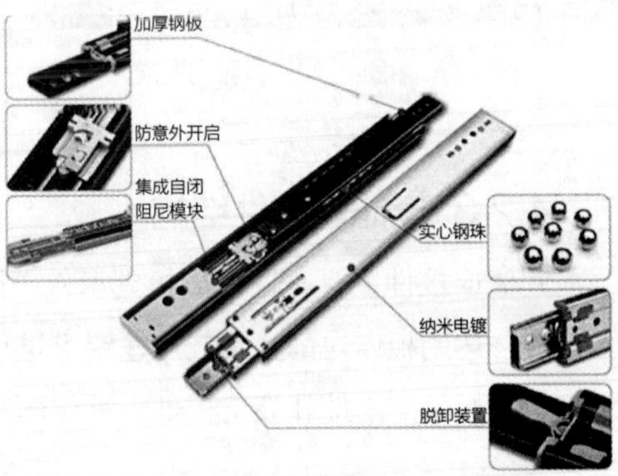

图4-12　滚珠式抽屉滑道

柜内活动导轨主要是指衣柜内部的各种侧装推拉式导轨，如领带架、裤架、鞋架、收纳架等，如图4–13所示。

其他活动连接五金件还有内藏式开门（图4–14）与上翻门的五金件、餐桌导轨（图4–15）、电视机转盘架等。

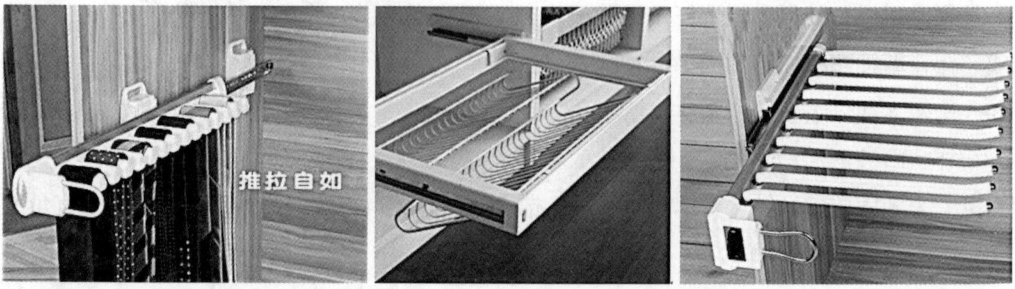

图4–13 侧装推拉式导轨（领带架、裤架、收纳架等）

图4–14 内藏门滑道

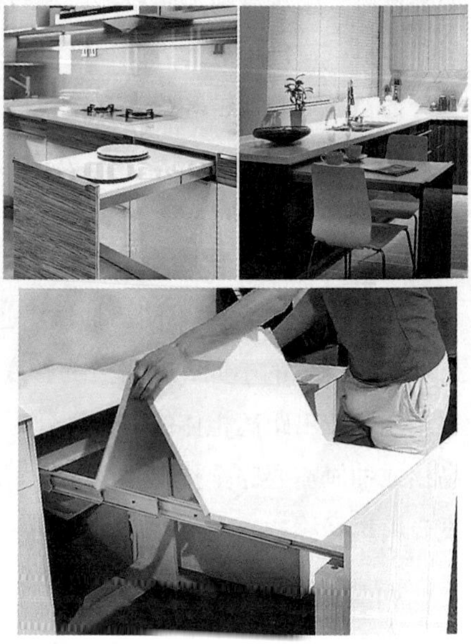
图4–15 餐桌导轨

4.2.3 其他连接件结构

其他连接件主要有各种搁板支承件（图4–16），其作用是支承搁板，并使搁板的高度可调节，达到柜体内部空间按用途要求进行变化的目的。按被支承的搁板材料分，搁板支承有木质板件支承件和玻璃板件支承件两种。

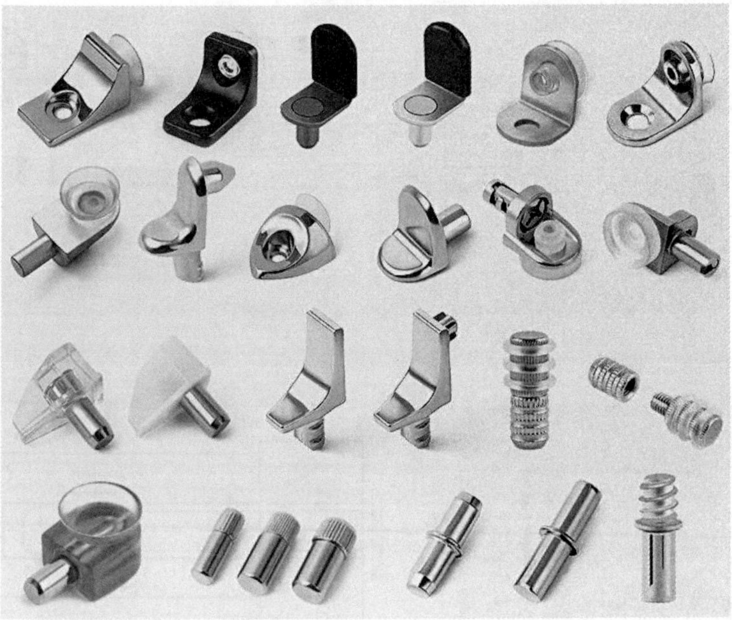

图4-16　搁板支承件

4.3 柜类家具结构设计

柜类家具由顶（面）板、底板（脚盘）、旁板、隔板（搁板）、背板、抽屉、门板等部件采用不同的接合方式装配而成。柜类家具主要有衣柜、床头柜、书柜、食品柜、陈列柜、梳妆柜、电视机柜等。

柜类家具的面板高于视平线（约为1600mm）的称为顶板，低于视平线的称为面板。顶板或面板可采用框架嵌板或拼板、覆面实心板、覆面空心板等。顶板或面板与旁板有两种接合形式，一种是安装在旁板的上面，另一种是安装在两块旁板之间。

4.3.1 旁板与顶板（底板）的接合

以下详细介绍旁板与顶（面）板、底板的基本接合结构。

① 以圆榫定位，用紧固连接件或木方条与木螺钉及螺栓接合，如图4-17所示。此种接合方法简单经济，稳定可靠，并能反复拆装。但连接件凸出在板件表面，影响美观。

② 以圆榫定位，用角铁连接件与螺钉接合，如图4-18所示。其优缺点与图4-17所示基本相同。

③ 用螺钉、螺母与螺栓接合，如图4-19所示。因螺钉、螺母具有定位与连接的双重作用，故不需要用圆榫定位。其结构简单牢固，便于反复拆装，成本低。但因螺栓的帽头外露，影响旁（顶）板美观。

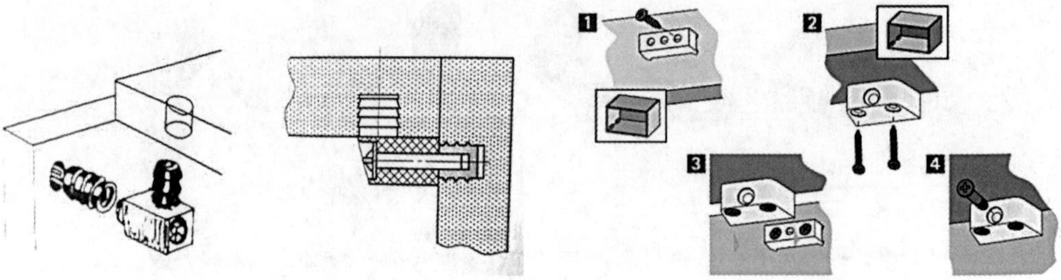

图4-17　紧固连接件连接

图4-18　角铁连接件连接

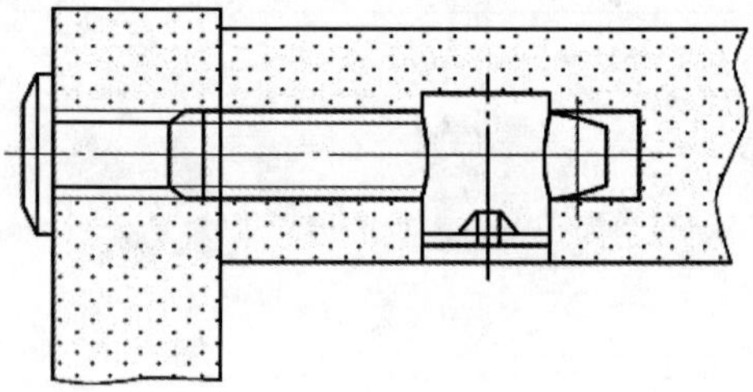

图4-19　锤子连接件

④ 以圆榫定位，用偏心连接件接合，如图4–20所示。此种连接件安装技术较复杂，但反复装拆方便、迅速，不影响美观，应用较普遍。

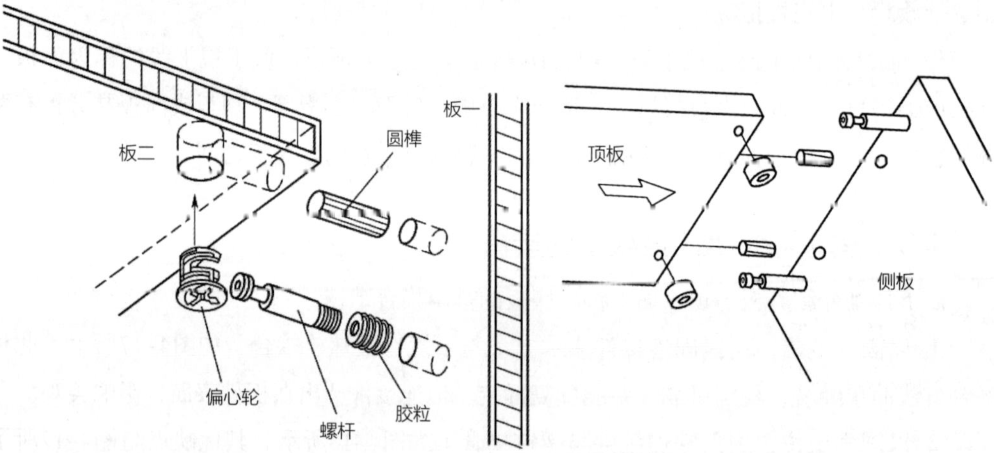

图4-20　偏心连接件连接

4.3.2 背板的装配结构

背板能将旁板、顶板、底板、搁板连接成一个牢固的整体结构。后背板装配结构可以为裁口嵌板结构或背板装槽榫嵌板结构，如图4–21所示。裁口嵌板结构便于拆装，应用广泛。槽榫嵌板结构不能拆装，采用相对较少。背板可为胶合板、纤维板或实木拼板。

背板可用三层胶合板或用3～5mm厚硬质纤维板，也可用实木拼板。对于不靠墙摆放的柜子，其背板容易被碰撞，且要求美观，可用覆面板制作。安装好的背板，其侧面不可外露，以免影响美观。

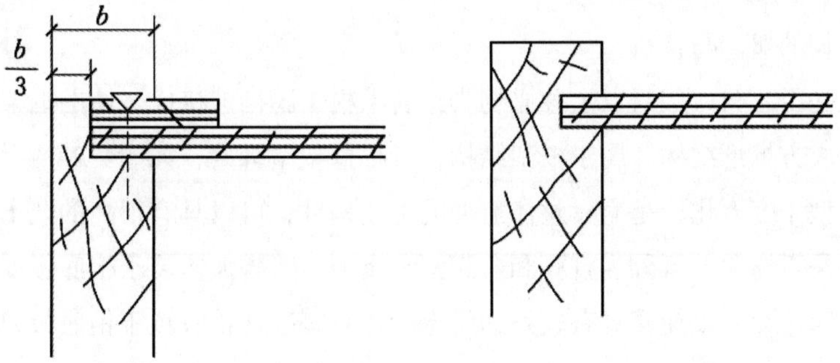

图4–21　背板的装配结构

裁口嵌板适用于薄背板，方法简便，最为常用。旁板裁口深度为背板与其压条厚度之和。压条用宽度为25～40mm的胶合板、纤维板条或实木板条均可。

4.3.3 搁板的安装结构

搁板为水平设置于柜体内的板件，用于放置物品。其厚度为16～25mm，安装在旁板之间。安装方式有固定式与可调式两类。固定式是指搁板安装后一般不可拆装，以实木条、圆榫或金属销作为固定档，紧固在两个旁板上；可调式一般用金属或塑料等作为活动构件，其优点是可根据需要来调节搁板的高度空间，如图4–22所示。

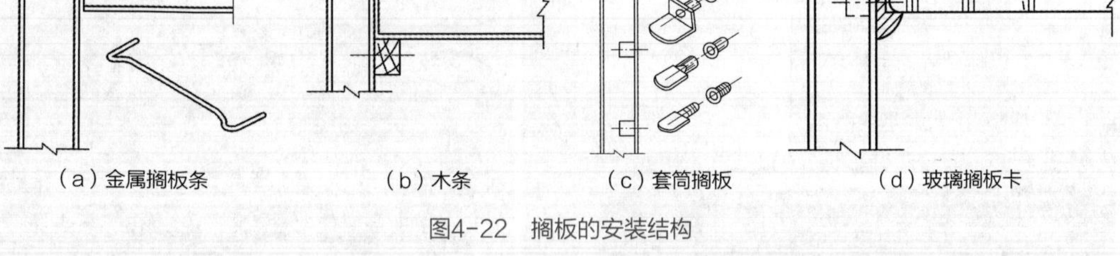

（a）金属搁板条　（b）木条　（c）套筒搁板　（d）玻璃搁板卡

图4–22　搁板的安装结构

4.3.4 柜脚架结构

在家具中，脚架是承载最大的部件。它不仅在静力负荷作用下需平稳地支撑整个家具，而且要求正常使用时具有足够的强度，并在遇到某种突如其来的动载荷冲击下也有一定的稳定性。例如柜子被水平推动时，结构节点小到产生位移、翘坏或柜体错位变形。其式样还要与柜体整体造型相适应。因此，脚架在家具设计中是十分重要的部分。家具的脚架可归纳为亮脚型结构、包脚型结构、塞角型结构和装脚型结构等基本类型。

4.3.4.1 亮脚

（1）亮脚的概念与特点

亮脚架是由三只或三只以上独立的脚跟若干根牵脚档连接成一体的框架部件，一般由四只脚接合成方框形结构，属于框架结构，又称框架型脚架，如图4–23所示。

亮脚造型千变万化，是家具整体造型的主要构件，可以具有很高的艺术观赏性。根据亮脚的脚形是否弯曲，可分为直脚和弯脚两大类型。弯脚大多装于柜底板或椅、凳、台、几的面板的四边角，以使家具有较好的稳定感。直脚往往稍收藏于柜底板或椅、凳、台、几的面板内，使家具造型显得轻快。直脚常带有一定锥度，一般是上大下小，并向外微张，可产生既稳定又活泼的感觉。直脚有方尖脚和各种圆锥脚；弯脚变化较大，多为仿动物的脚或头冠形状。

（2）亮脚与底板的接合

装配时，先将旁板与底板按上述方法接合好，再以圆榫定位，用木螺钉接合，将亮脚型脚架与底板进行接合。脚架的望板宽度超过50mm时，由望板内侧打螺钉斜孔，用木螺钉从孔中穿出拧入底板固定；望板宽度小于50mm时，由望板下面向上打螺钉直孔，用木螺钉从孔中穿出拧入底板固定；若脚架上方有覆条，先用木螺钉将覆条固定于望板上，并在覆条上钻出螺杆孔，然后用木螺钉穿出螺杆孔，将脚架固定在底板上。

4.3.4.2 包脚

（1）概念与特点

包脚脚型属于箱框结构，又称箱框型脚，一般由三块或三块以上的木板接合而成，通常由四块木板接合成方形箱框。包脚型的底座能承受巨大的载荷，显得气派而稳定，应用

图4–23 亮脚结构

较为广泛，通常用于存放衣物、书籍和其他较重物品的大型家具。但是包脚型底座不利于通风透气和清扫。为了让柜体放置在不平的地面上时能保持稳定，在脚的底面中部切削出高20～30mm的缺口，这样也有利于包脚下方的空气流通，如图4-24所示。

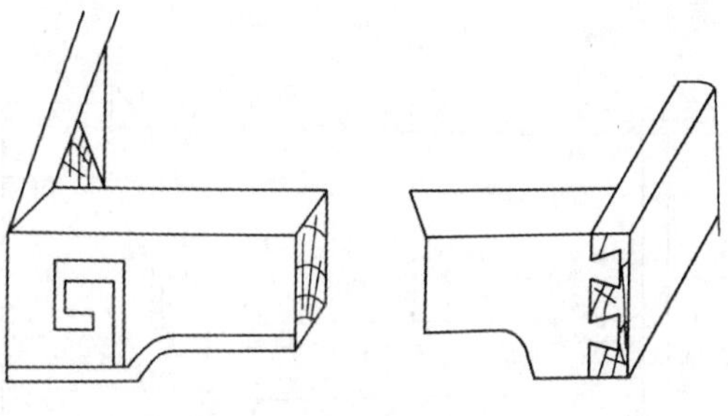

图4-24　包脚结构

（2）包脚与底板的接合

首先在箱框型包脚盘的上表面胶钉一个薄板框架，并使薄板伸进箱框型包脚盘中约10mm，再在伸进部分钻出若干个木螺钉孔，然后将旁板与底板按上述方法接合好，最后用木螺钉从箱框型包脚盘上薄板框架的孔中穿出，拧入柜底板，使之牢固接合，如图4-25（a）所示。另一种形式的旁板与底板接合后再与包脚接合，如图4-25（b）所示，首先使旁板与底板按上述方法接合好，然后在包脚的周边板上钻出若干个圆孔，装配时用木螺钉从圆孔中穿出，分别拧入旁板与底板下面，使之牢固接合即可。

（a）接合形式（1）　（b）接合形式（2）　（c）示例

图4-25　包脚与底板的接合

4.3.4.3 旁板落地式脚

以向下延伸的旁板代替柜脚，两“脚”间常加望板连接，以提高强度与美观性。望板需略微凹进，旁板落地处需前后加支撑垫，或中部上凹，以便稳放于地面，如图4-26所示。

4.3.4.4 塞脚

塞脚指仅由两块短板借助全隐燕尾榫、半隐燕尾榫、圆榫、穿条与塞角接合而成的独立的脚，分为斜角接合与直角接合。使用时，分别安装在柜子底板的四个角上，与柜子的底板连成一体，如图4-27所示。先将旁板与底板接合好，再用一块加工成型的短木板件，以圆榫定位，用木螺钉接合，安装在旁板内侧与底板下面的前缘，便构成一个塞脚。

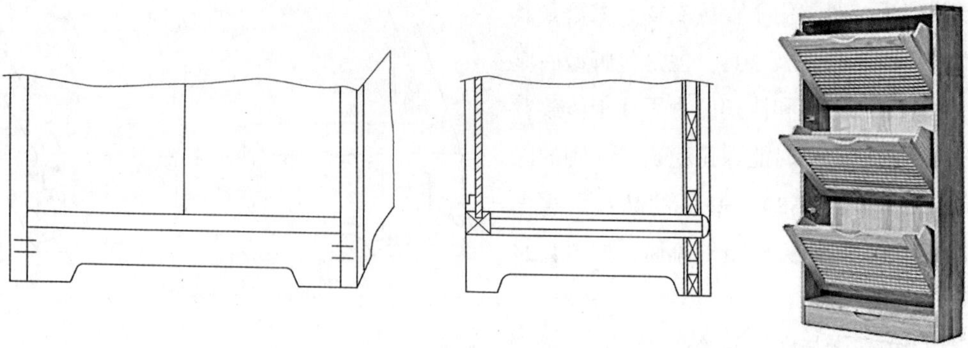

图4-26 旁板落地式脚

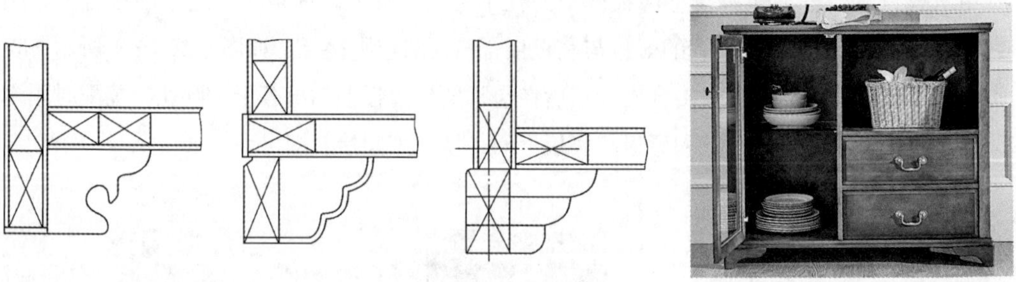

图4-27 塞脚

柜子前面的塞脚一般用全隐燕尾榫与塞角进行接合，也可用圆榫或穿条与塞角接合。柜子后面的塞脚一般用半隐燕尾榫与塞角接合，也可用圆榫与塞角接合。

4.3.4.5 装脚

装脚是一个独立的亮脚，彼此不需要用牵脚档连成脚架，而是直接安装在柜子的底板下或桌、几的面板下，在现代柜类家具中应用较为广泛。当装脚比较高时，通常将装脚做成锥形，这样可使家具整体显得轻巧美观。当脚的高度在700mm以上时，为便于运输和保存，宜做成拆装式装脚。

装脚可用木材、金属或塑料制作，用木螺钉安装在底板上。这样可以提高运输效率，但移动柜体时用力不能过猛，必须小心，以免损坏。

装脚与底、面板的接合方法如下：

① 用榫接合较短的实木装脚，如图4-28（a）所示，即在脚的上端开出榫头，与面板的榫眼接合，并用木螺钉加固。有的木脚也可通过螺钉与底板进行接合固定，如图4-28（b）所示。

② 用金属连接件接合，对于较长、较大的亮脚，可用金属板、金属法兰套筒，借助倒刺螺母连接件进行接合，如图4-29所示。此种方法简单可靠，且便于拆装。

（a）榫接合　　（b）用螺钉与底板接合

图4-28　木装脚与底座的固定

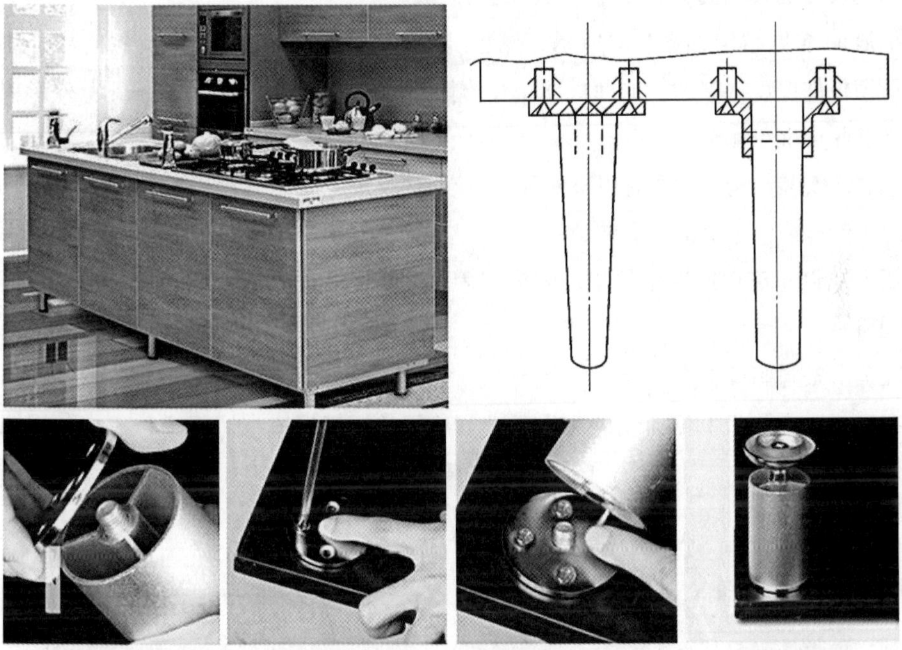

拧开顶端盖板　　四孔螺丝固定盖板　　中心孔拧紧家具脚　　安装完成

图4-29　装脚与底座的固定

③ 各种类型的橡胶装脚，如万向转轮型橡胶脚、万向球型脚等，应用十分广泛。这种家具的装脚，移动轻便，稳定可靠，颇受用户欢迎。

4.3.5 抽屉结构

抽屉是家具中的重要部件，有明抽屉和暗抽屉。明抽屉的面板显露在外面，暗抽屉是安装在柜门的里面。抽屉是由屉面板、屉侧板、后挡板形成箱框，并在屉侧板、屉面板下部内侧的槽中插入屉底板构成。抽屉需承重，应牢固接合。屉面板与屉侧板常采用圆榫、连接件、半隐燕尾榫接合等，如图4–30所示。屉侧板与屉后板常采用直角多榫、圆榫、连接件接合等。抽屉可由木材、覆面细木工板、覆面刨花板、覆面纤维板制作。抽屉底板

图4-30 抽屉面板与侧板间的连接

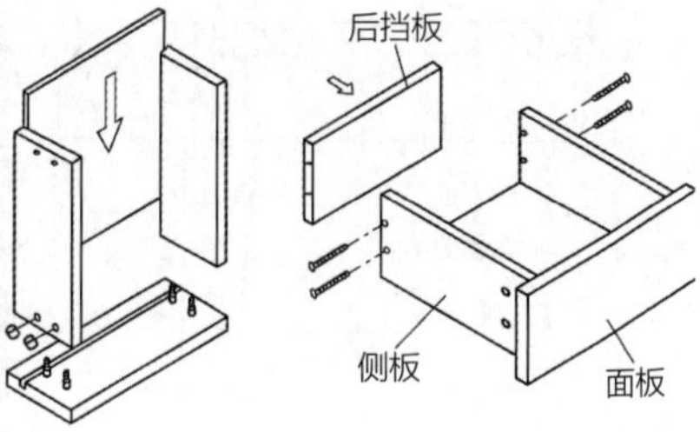

图4-31 抽屉常见框架图

一般采用较薄的胶合板、硬质纤维板等材料制成。

抽屉的常见结构如图4-31所示，侧板与面板用偏心件连接，底板插槽。通常情况下，所用板件厚度规格为：抽面板18mm，侧板、后挡板12mm，底板5mm，其外形规格尺寸设计参照标准单元柜体确定。

抽屉的安装结构，主要有以下两种：

（1）滚珠或滚轮滑道的安装结构

用木螺钉将滚珠或滚轮的阴、阳滑道固定在柜旁板（或隔板）与屉旁板上即可，如图4-32所示。

（2）木条与搁板组成的滑道结构

在旁板（或隔板）侧面安装方木条，与柜子的搁板形成抽屉滑道，方木条用圆榫定位，用螺钉紧固。此方法多用于暗抽屉的安装，比较经济。

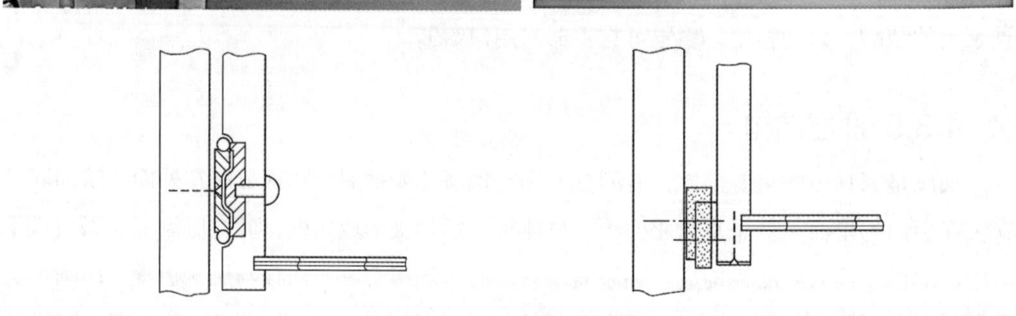

图4-32 抽屉滑道及安装结构

4.3.6 门页结构及接合方式

4.3.6.1 柜门的类型

柜门主要可分为开门、移门、翻板门和卷门。要求尺寸精确，关闭严密，以防止灰尘进入柜内。并要求具有足够的强度，形状稳定，开关灵活。下面介绍这几种柜门的安装结构。

4.3.6.2 开门的安装结构

绕垂直轴转动进行开关的门称为开门，门的开启位置如图4–33所示。开门安装、使用方便，应用普遍。根据开门跟旁板的配合方式不同，可分为全盖、半盖、嵌门三种。门盖住旁板前梃的称为盖门，将旁板全部盖住的称为全盖，只盖住一半的称为半盖。门嵌入旁板之内的称为嵌门。

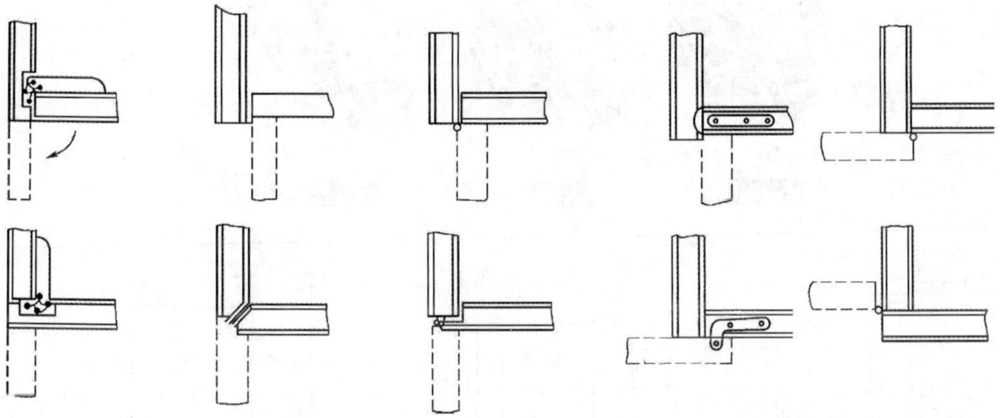

图4–33　门的开启位置

门的开启程度跟所用的铰链有关。开门安装的铰链有多种，需合理选用，除考虑美观、成本外，还要考虑有门扇的开启程度，即开启后的位置。不同的铰链有不同的安装结构，分别介绍如下。

（1）合页铰链安装门的结构

这是使用较早、较普遍的一种铰链，有长铰链与普通铰链之分。长铰链跟所要安装的门高度相等，每扇门只需安装一个，其主要起装饰作用。普通铰链的长度一般为40～60mm，如图4–34所示。

（2）杯状暗铰链安装门的结构

杯状暗铰链是近年来广泛应用的开门铰链，具有安装快速方便、便于拆装和调整、隐蔽性好等优点。杯状暗铰链有直臂、小弯臂、大弯臂之分，分别用于全盖、半盖、嵌门的安装，如图4–35所示。杯状弹簧铰链安装后不外露，不影响美观，门关闭后不会自动开

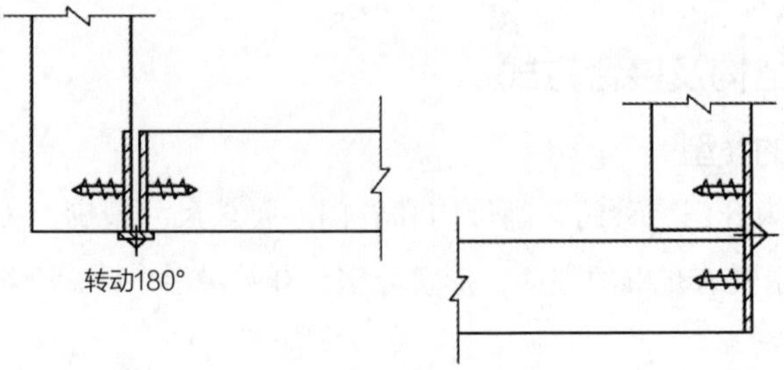

图4-34 普通铰链安装

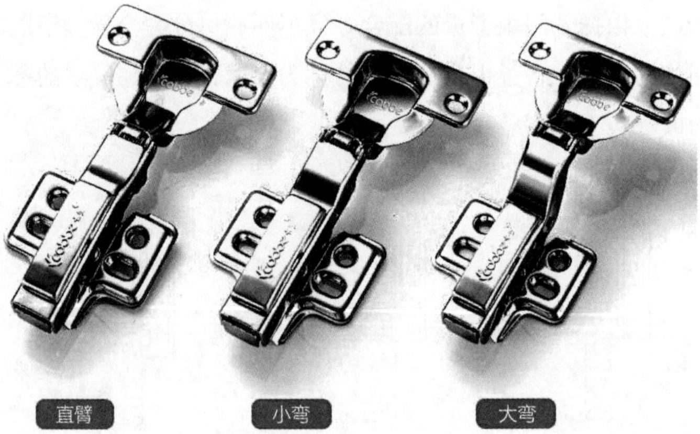

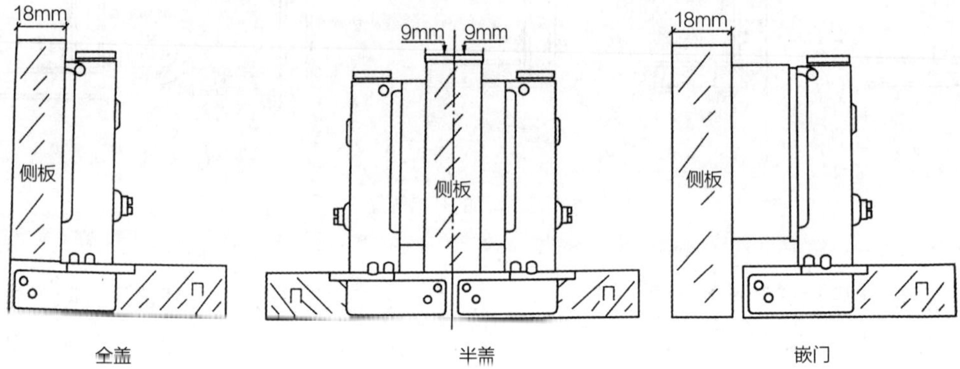

图4-35 暗铰链的三种安装方式

启，并可调整门的安装误差。

开门上安装暗铰链的数量与门的高度、重量有关，两者之间的关系如图4-36所示。

4.3.6.3 翻门的安装结构

绕水平轴转动进行开关的门称为翻门，可分为向下翻和向上翻两种，如图4-37所示。翻门的宽度一般要大于高度，以方便开关。其中，下翻门较常用，因为开门后它可以兼作临时台面，但需要具有定位机构专用的门头铰链；也可使用开门所用的各种铰链来安装，但需用牵筋、拉杆来定位，借以保持门开启后的水平位置。上翻门仅用于高柜上面的

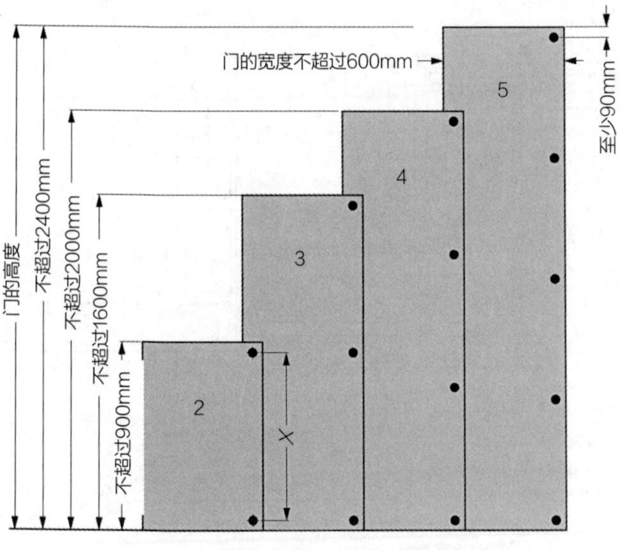

图4-36 门高度与暗铰链的数量

图4-37 翻门

门，以方便开关。

翻门的设计要点：翻门打开时，常作为陈设物品、梳妆或写字台面用，故兼作台面用的翻门最好在打开后跟门里的搁板处在同一个水平面上，以获得宽阔的工作平面。为此，应采用门头铰或专用门头铰，并需设计美观、牢固的封边条，门的正面与背面需具有同等质量与美观。对于上翻门，开启后不要求保持水平位置，需使用专门带有撑杆的铰链。

4.3.6.4 移门

（1）移门的安装结构

沿水平滑道左右直线移动进行开关的门称为移门。其优点是移门开启不占柜前的空间，且打开或关闭时，柜体的重心不会偏移，能保持稳定。但每次开启的程度小于柜宽度的一半，多用于各种陈列柜、书柜、文件柜。现代移门多为玻璃门，以便于观看与取放物品。

移门一般在顶、底板上开槽或嵌入滑轨，也有直接在顶、底板上安装各种滑轨，如图4-38和图4-39所示。轨道槽沟的尺寸，槽的宽度需略大于门的厚度。对较厚的门板（主要为木质门），入槽部分的厚度需小10mm。移门上面的滑道深度应略大于门下面滑槽深度的两倍，以便安装或取出移门。移门宜设凹槽式拉手，以使两扇移门能推拉至相互重叠，方便存取物品。

巴士移门系统是一种创新的开门方式，它突破了门扇关闭时错位的传统方式，能实现平滑的自动开闭，且柜门关闭时两扇门处于同一平面，视觉上更为舒适、简洁，如

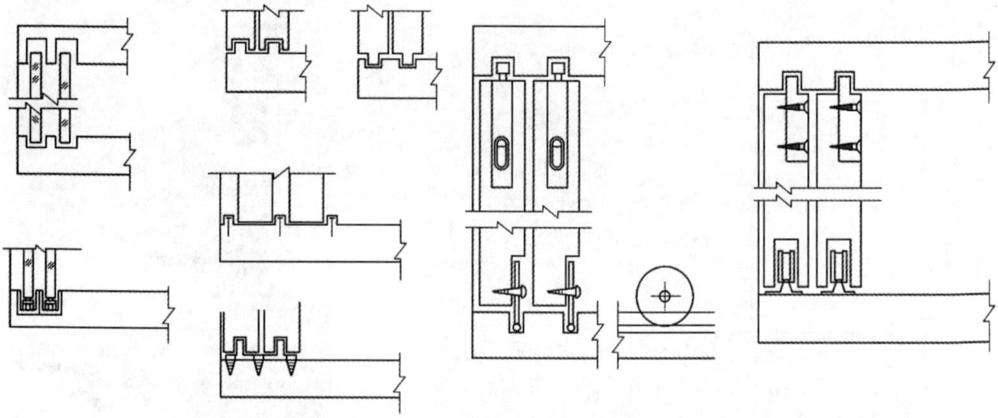

图4-38 移门形式

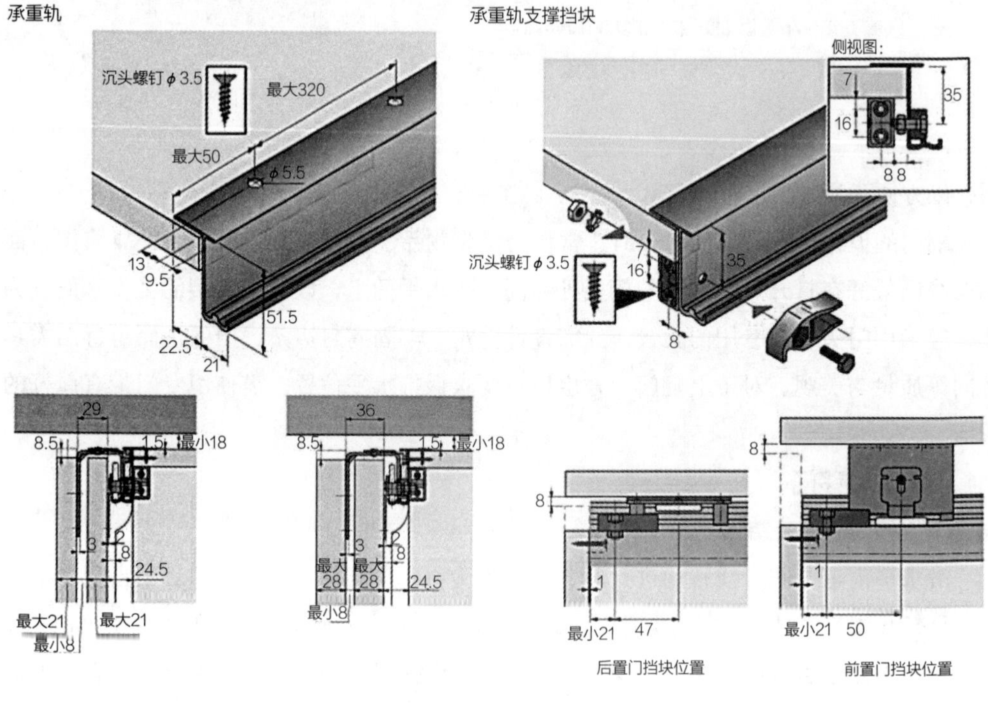

图4-39 移门结构

图4-40所示，可用于橱柜、书柜、电视柜、衣帽间。

（2）移门的设计要点

① 移门扇数。需同时设置双扇、双轨滑道，以便两扇门都能推拉，并可将柜子严密关闭。

② 移门的高度。不宜过高，较高的移门推拉阻力较大，开关不灵活，门的宽高比以1∶1.2左右为宜。

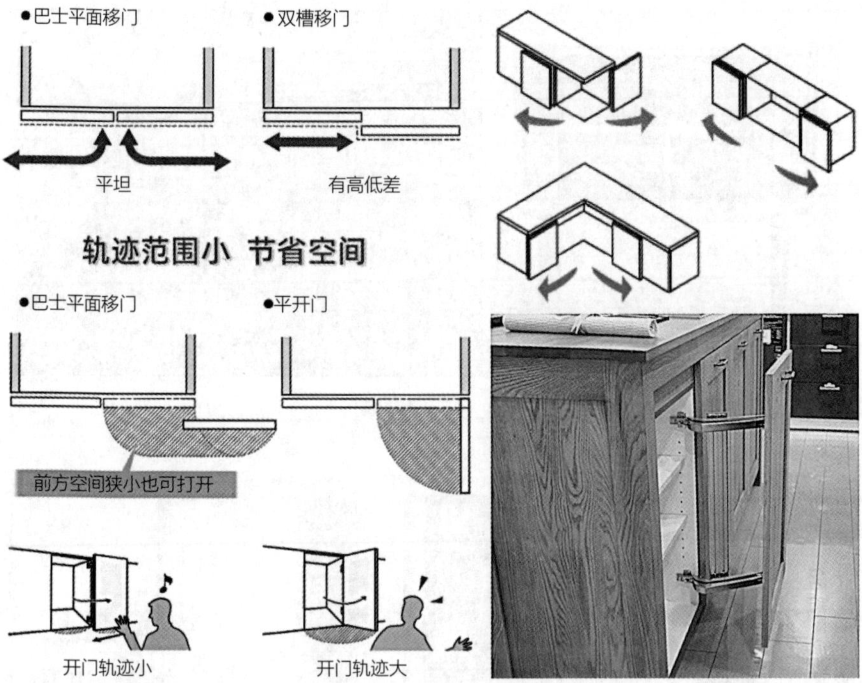

图4-40　巴士移门

③ 移门的轨道类型。可在柜子的搁板、顶（面）板、底板上直接开槽，用作移门的轨道，简便经济，常用于普通家具较轻的移门；若在槽底衬以竹片作垫片，能使移门推拉轻便。较高档的家具宜选用塑料、铝合金以及带有滚珠、滚轮的滑道，这样能有效地减小移门推拉的摩擦力，使之推拉轻便。对于较厚的移门，需在其两端加工出单肩槽榫，其槽榫的厚度需小于10mm，以减小滑槽的宽度。对于高度大于1500mm的重型移门，需要使用吊轮滑道。

4.3.6.5 卷门

可沿导轨槽滑动而卷曲开闭的门称为卷门。可以左右移动开闭，也能上下移动开闭。卷门风格别致，打开时不占据室内空间，又能使柜内全部敞开，但制造技术要求较高，费工费料，成本较高，主要用于高档电视柜、陈列柜等。

卷门多用半圆形木条胶钉在麻布、尼龙布或帆布等织物上制成，如图4–41所示。木条断面呈半圆形，其直径一般约为15mm，木条之间的间距需小于1mm。木条两端加工成单肩榫，肩榫厚度约为8mm，以减小导轨槽的宽度，这样可使榫肩遮盖住榫槽边沿，提高美观性。卷门外侧边的小木条常设计为拉手形，并兼作开启限位装置。

在柜体上开有导轨槽，其槽宽需比卷门榫头的厚度大1 ~ 1.5mm，导轨槽转弯部分的曲率半径不能小于100mm，否则移动阻力较大，开关不灵活。

卷门分左右开启和上下升启两种，如图4–42所示。左右开启的卷门又分为单扇门、双扇门两种，门扇推入柜内，可呈卷曲状或平伸状，需用胶合板屏蔽，以免影响美观。

图4-41 木质卷门

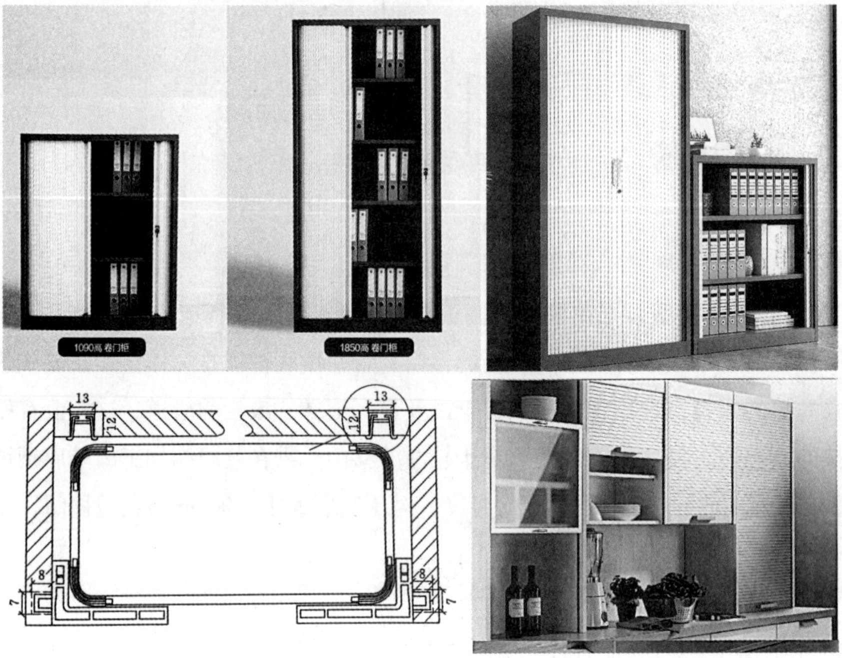

图4-42 卷门的类型

卷门需设有左右开启的左右门梃或上下开启的上门梃，借以屏蔽推入柜内的卷门。其门梃通常为在表面加呈半圆形条状的木板，跟卷门的外观基本一致，以提高装饰效果。

除木条外，卷门还可用其他材料制造，如PVC、ABS塑料等，塑料卷门是用异型条相互连接组成的，有多种色彩可选，但整个卷帘一定要是一个整体。

4.4 柜类家具结构设计实例

本节以板木结构床头柜设计为例，简要阐述其结构设计流程（纯板式家具结构实例将在32mm系统案例家具设计中阐述）。

此床头柜为简欧风格系列之一，材料为板木结合。大致流程：设计图—结构装配图—局部结构图。

（1）根据方案绘制设计图

设计概念确定后的方案设计图是设计概念思维的进一步深化，是设计表现最关键的环节，这是在设计草图的基础上整理而成的。本设计图包括床头柜的三个视图，主要表明了床头柜的外部轮廓、大小、造型，各零部件的形状、位置和组合关系，床头柜的功能要求、表面分割、内部划分等内容，如图4–43所示。

（2）绘制结构装配图

设计图出来后，需要根据设计图绘出详细的结构装配图，以供企业生产使用。如图4–44所示的结构装配图是床头柜图样中最重要的一种，它能够全面表达床头柜的结构，既能表现内部结构、装配关系，又能表达部分零部件形状，尺寸也较详尽。

（3）绘制局部详图

为清楚表示床头柜某个部分的局部结构，可将床头柜或其零部件的结构用大于基本视图或原图形的比例画出局部详图，以供企业生产使用。一般取1∶1或1∶2，床头柜的部分局部详图如图4–45所示。

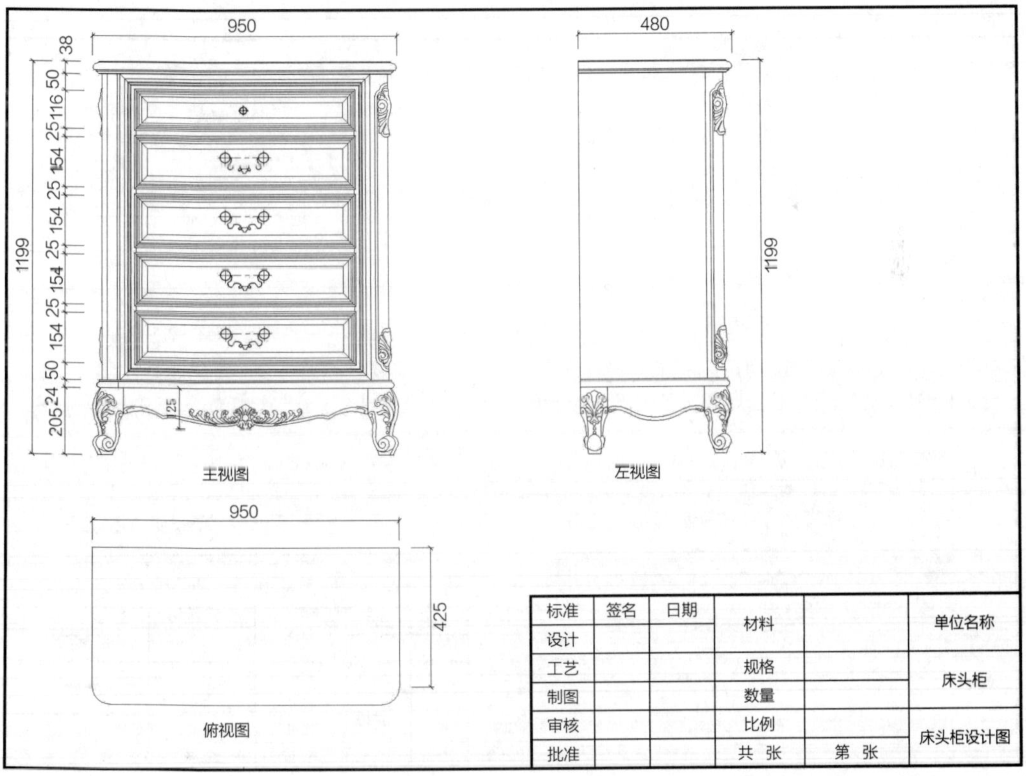

图4–43　床头柜设计图

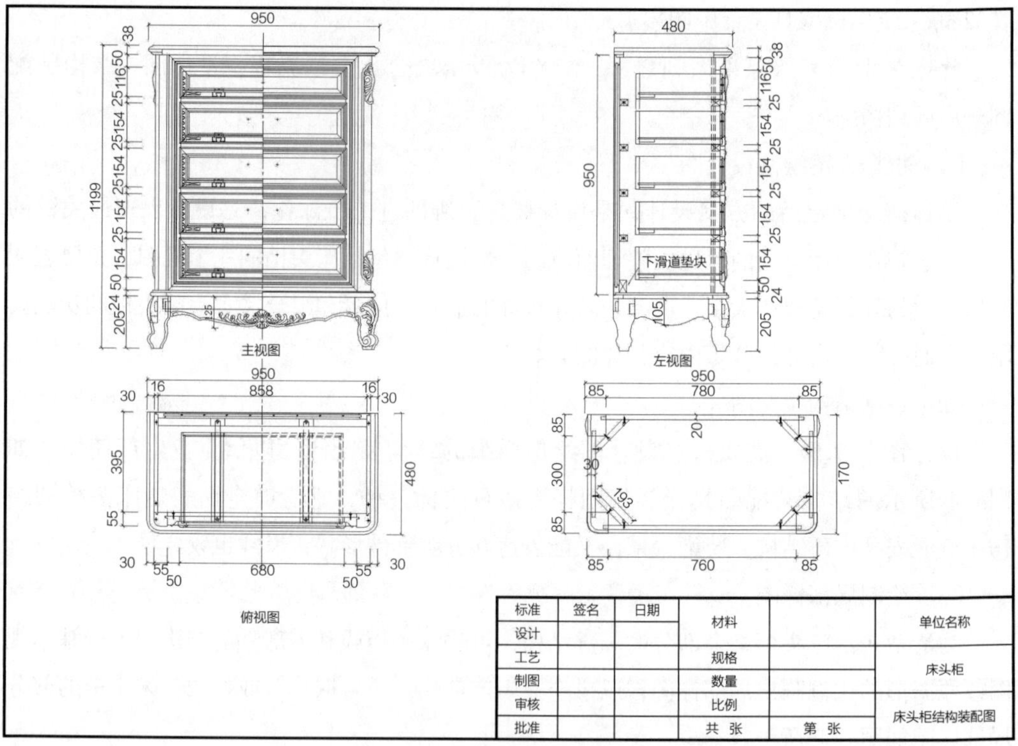

图4-44 床头柜结构装配图

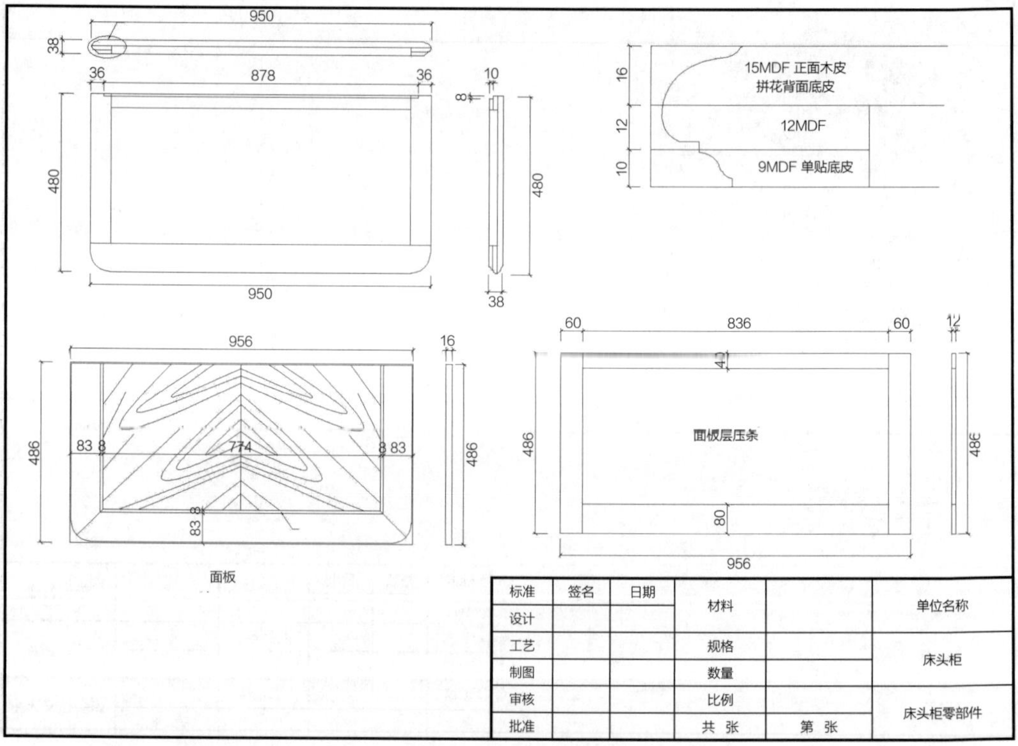

图4-45 床头柜局部详图

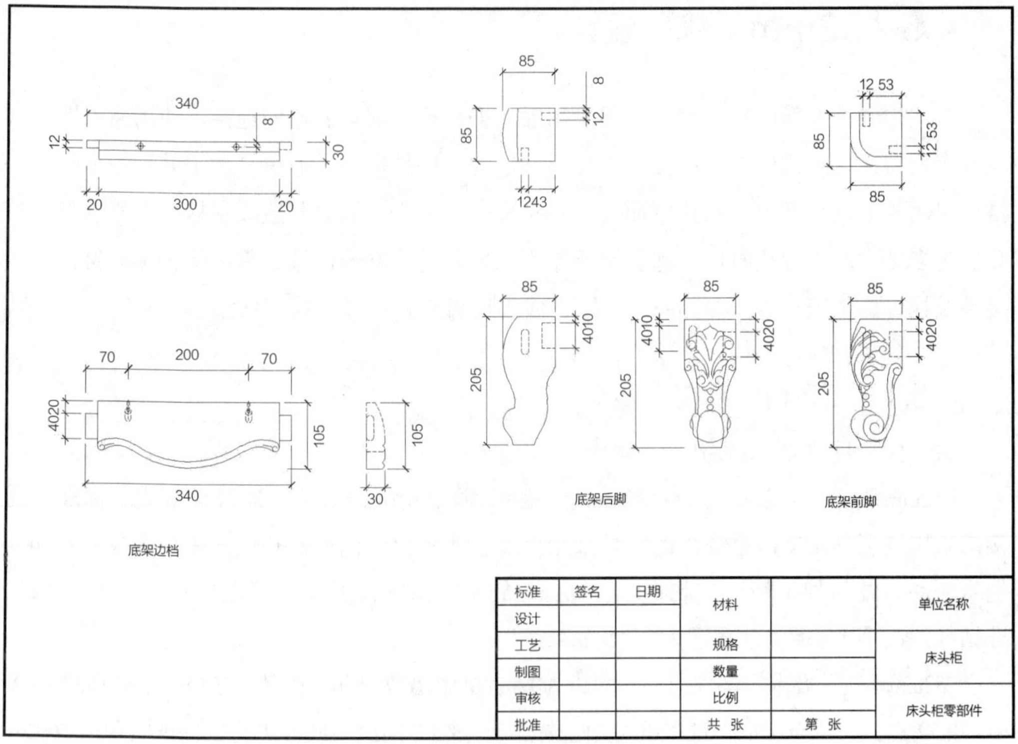

图4-45　床头柜局部详图（续）

（4）实物图

根据设计图、装配图及局部详图，最后生产出的床头柜实物如图4-46所示。

图4-46　板木结构床头柜实物图

4.5 “32mm系统”设计

板式构件需要新的接合方法，即采用插入榫与现代家具五金的连接。使用插入榫与家具五金均需在板式构件上制造接口，最易制造的接口是槽口，但更具加工效率的是圆孔。槽口可用普通锯片开出，圆孔可通过打眼实现，一件家具需要制造大量接口，所以采用圆孔更为多见，加工圆孔时排钻起着重要作用。要获得良好的连接，需要综合考虑材料、连接件及接口加工工具等。“32mm系统”已成为世界板式家具的通用体系。

4.5.1 “32mm 系统”概念

（1）什么是“32mm系统”

“32mm系统”可以定义为：32mm是一种依据单元组合理论，通过模数化、标准化的接口来构筑家具的制造系统，即它是采用标准工业板材、标准钻孔模式来组合成家具和其他木制品，并将加工精度控制在0.1～0.2mm的结构系统，因基本模数为32mm（相邻两标准钻孔的最小中心距），故定为“32mm系统”。

“32mm系统”要求零部件上的孔间距为32mm的整倍数，即应使其“接口”都处在32mm方格网的交点上，或至少应保证平面直角坐标中有一维方向满足此要求，以保证实现模数化并可用排钻一次出孔，这样可提高效率并确保打眼精度。由于造型设计的需要或零部件交叉关系的限制，当在某一方向上难以使孔间距实现32mm整数倍时，允许从实际出发，进行非标设计，因为多排钻的某一排钻头间距是固定在32mm上的，而排钻之间的距离是可无级调整的。

“32mm系统”是以32mm为模数制有标准“接口”的家具结构与制造体系。这个制造体系以标准化零部件为基本单元，可以组装成采用圆榫胶接的固定式家具，或采用各类现代五金件连接的拆装式家具。

（2）为什么要以32mm为模数

排钻床的传动分为三种：带传动、链传动和齿轮传动。其中，齿轮传动精度较高，能一次钻出多个安装孔，是靠齿轮啮合传动的排钻设备，齿轮间合理的轴间距应不小于30mm，如果小于这个距离，那么齿轮装置的寿命将受到明显的影响。

欧洲人长期习惯使用英制尺寸量度，若选1in（25.4mm）作为轴间距，则显然与齿间距要求产生矛盾，而另一个习惯使用的英制尺度是5/4in（31.75mm），取整数即为32mm。

与30mm相比，32mm是一个可作完全整数倍分的数值，即它可以不断被2整除，这样的数值具有很强的灵活性和适应性。

以32mm作为孔间距模数并不表示家具外形尺寸是32mm的倍数，因此，与我国建筑行业推行的30cm模数并不矛盾。

“32mm系统”的精髓便是建立在模数化基础上的零部件的标准化，在设计时不是针对一个产品，而是考虑一个系列，其中的系列部件因模数关系而相互关联；核心是旁板、门和抽屉的标准化、系列化。

4.5.2 “32mm 系统”特点

“32mm系统”融合了现代设计观念和方法，是在高技术支持下实现的。它有几个主要特点：

① 新概念。引出了“部件即产品”的概念，即它是以单元组合理论为指导，通过对零件的设计、生产、装运、现场装配来完成家具产品。

② 新方法。采用没有榫卯结构的平口接合，避免了复杂的结构、工时以及材料的浪费。

③ 专门化。采用板式家具钻孔的方法来实现板与板之间的连接与固定，配件必须具有与圆形安装孔相匹配的接口形式。

④ 高精度。高精度和计算机控制的专用机械设备的使用，摆脱了对操作者的技巧、手法、经验和生理以及心理素质的依赖。高精度确定了高品质，可实现零部件的标准化和互换性。当配件上有两个或两个以上接口时，所有接口的中心应处于同一直线上，且其中心距均以32mm为模数。

⑤ 降低了运输成本。在包装运输上，采用板件包装堆放，有效节省了储存空间，减少了破损和难以搬运等问题。

4.5.3 “32mm 系统”标准与规范

“32mm系统”以旁板为核心。旁板是家具中主要的骨架部件，板式家具，尤其是柜类家具中，几乎所有的零部件都要与旁板发生关系，如顶（面）板要连接左右旁板，底板安装在旁板上，搁板要搁在旁板上，背板插或钉在旁板后侧，门铰的一边要与旁板相连，抽屉的导轨要装在旁板上等。因此，“32mm系统”中最重要的钻孔设计与加工也都集中在旁板上，旁板上的加工位置确定以后，其他部件的相对位置也就基本确定了。

柜类家具的柜体框架一般是由顶板、底板、旁板、背板等结构部件构成，而活动部件，如门、抽屉和搁板等，则属于功能部件。门、抽屉和搁板都要与旁板连接，“32mm系统”就是通过上述规范将五金件的安装纳入同一个系统。所以通过排钻（板式家具生产的必备设备）在旁板上预钻孔，也就是系统孔，用于所有“32mm系统”五金件的安装，如铰链底座、抽屉滑道和搁板支承等。

旁板前后两侧各设有一根钻孔轴线，轴线按32mm的间距等分，每个等分点都可以用来预钻安装孔。预钻孔可分为结构孔与系统孔，前者是形成柜类家具框架体所必需的接合孔，主要用于连接水平结构板；系统孔用于铰链底座、抽屉滑道、搁板等的安装。两类孔的布局是否合理，是“32mm系统”成败的关键。由于安装孔一次钻出可有多种用途，所以必须首先对它们进行标准化、系统化和通用化处理。

4.5.3.1 国际上“32mm系统”基本规范

① 所有旁板上的预钻孔（包括系统孔与结构孔）都应处在间距为32mm的方格坐标网点上。一般情况下，结构孔设在水平坐标上，系统孔设在垂直坐标上，如图4–47所示。

系统孔　　结构孔

② 通用系统的轴线分别设在旁板的前后两侧，一般以前侧轴线（最前边系统孔中心线）为基准轴线，但实际由于背板的装配关系，将后侧的轴线作为基准更合理，而前侧所用的杯形门铰是三维可调的。若采用盖门，前侧轴线到旁板前边的距离应为37mm或28mm加厚门。前后侧轴线之间均应保持32mm整数倍的距离。

③ 通用系统孔的标准孔径一般为5mm，深为13mm。

④ 当系统孔为结构孔时，其孔径按结构配件的要求而定，一般常用的孔径为5mm、8mm、10mm、15mm、25mm等。有了这些规定，就使得设备、刀具、五金配件的生产都有了一个统一的接口标准，孔的加工与家具的装配也就十分简便灵活。

以最常用的托底滑轮式导轨为例，导轨由两部分组成，与旁板相接的部分有三种类型的孔，分别为自攻螺钉孔、欧式螺钉孔和便于调节上下位置的椭圆形孔。安装孔的位置均按“32mm系统”设置，第一个孔离导轨端部26mm，第二个孔离导轨端部35mm，加上2mm的安全间距（防止导轨头冒出旁板边缘），刚好适合“32mm系统”28mm或37mm靠边距的系统安装孔，其他的孔距也均为32mm或其倍数，如图4-48所示。与抽屉相接的部分，用自攻螺钉钉于抽屉侧板底部。在进行抽屉设计时，必须注意，抽屉侧板与柜旁板之间必须有12.5mm的间距，且必须保证第一个抽屉的屉桶与面板之间有最小16mm的间距。

4.5.3.2 系统孔

系统孔一般设在垂直坐标上，分别位于旁板前沿和后沿。若采用盖门，前轴线到旁板前沿的距离（K）为37mm（或28mm）；若采用嵌门或嵌抽屉，则应为37mm（或28mm）加上门板的厚度，后轴线也按同原理计算。前后轴线之间及其辅助线之间均应保持32mm整数倍距离。通用系统孔孔径为5mm，孔深度规定为13mm，当系统孔用作结构孔时，其孔径根据选用的配件要求而定，一般常为5mm、8mm、10mm、15mm、25mm等。

“32mm系统”的标志之一是旁板上的系统孔，不少人对在旁板上打满系统孔不理解，认为只在需要的位置打孔即可；还有人认为不美观，甚至觉得影响强度。“32mm系统”的精髓是旁板的系统孔，其主要作用有准确定位、提高效率、增加接合强度。

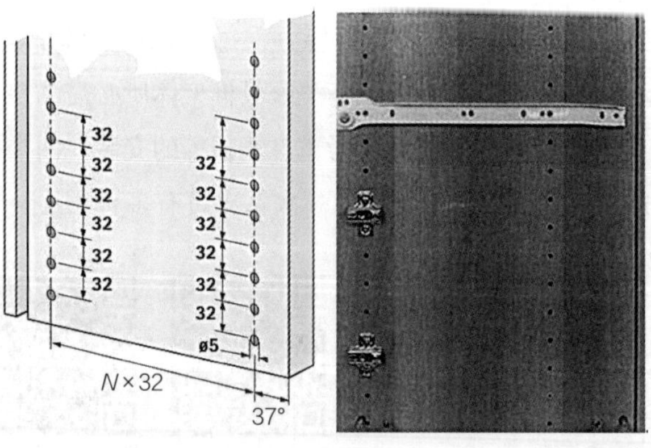

图4-47 旁板上的系统孔与结构孔

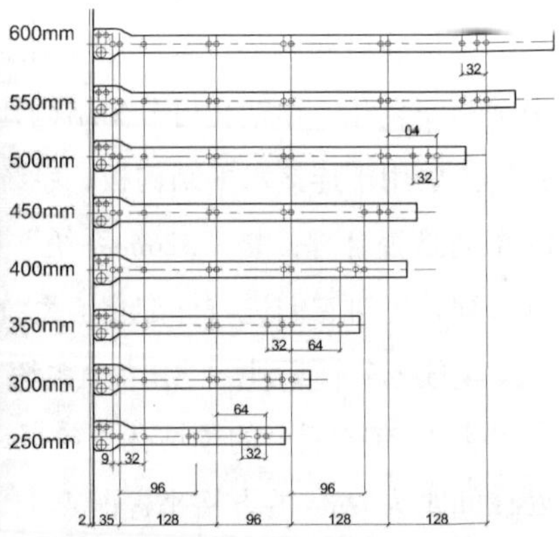

图4-48 适合“32mm系统”的抽屉滑轨

系统孔的作用首先是提供安装五金件的孔位。如不预钻系统孔，旁板不能通用，门、抽屉也不能互换，安装抽屉滑道和门铰链需依靠工人手工画线后再手电钻打眼，不但效率低，而且往往造成人为误差，影响后续安装工序的精确性和组装后的产品质量。现在家具的售后服务是上门安装，是否能快速、高效地安装到位是建立信誉的关键。不能否认柜体旁板上的预钻孔也有加工误差，但这一误差一般在五金件的可调节范围内（铰链可三维调节，滑道可上下调节）。同时，在预钻孔内预埋膨胀管，再拧入紧固螺钉，可避免因人造板的握钉力不强而影响连接强度，且能够多次反复拆装。

4.6 “32mm系统”家具设计实例

在讨论了“32mm系统”理论与设计准则后，以一个文件柜为例，对“32mm系统”家具设计与结构细节进行进一步分解，使大家对“32mm系统”有一个较直观、全面的认识。此办公用文件柜由左右旁板、中竖板、木门板、玻璃门板、顶板、底板、固定层板、踢脚板、背板等标准板件组成，如图4-49所示。

“32mm系统”家具设计步骤是：确定功能尺寸—分析结构形式—设计标准系列板块。

图4-49　文件柜

4.6.1 确定功能尺寸

此文件柜为中柜，因此首先要确定中柜功能尺寸，它由中柜功能的两个方面决定，即储存物品和方便使用者取放物品，由此初步确定中柜的宽、深、高功能尺寸约为1600mm × 420mm × 1240mm，精确的尺寸按结构形式和“32mm系统”设计要求进行调节。

4.6.2 分析结构形式

本文件柜的基本构成采用顶板盖住旁板，底板在两旁板之间，下部安装裙板，采用偏心连接件连接，并辅以圆榫定位。柜体全部由可拆分的板件构成，采用可拆装连接方式，主体采用偏心连接件连接，旁板上钻5mm通孔；所有的板件采用中密度纤维板（或刨花板）作基材，面贴薄木，实木封边。

4.6.3 设计标准系列板块

便于看图，本例对板材厚度进行了统一规定（各板件已经饰面和封边）：旁板、底板、搁板、门板、脚架等板件的厚度统一定为19mm；柜体背板采用五夹板，厚度为

5mm。另外，对连接构件也进行了统一，柜体中定位用圆榫，统一规格为ϕ8mm×32mm；接合用偏心连接件，规格统一为：偏心轮ϕ15mm×13mm，对应连接螺杆直径为ϕ8mm，偏心轮装配孔中心至板边的距离为34mm，预埋螺母为ϕ10mm×13mm。

（1）旁板高度的确定

本例采取系统孔和结构孔分开安排的方法。旁板高度设置以“32mm系统”理论为基础，考虑储物功能，并结合人体工程学及板材（规格2440mm×1220mm）长度方向的出材利用率，确定此中柜旁板的统一高度为1205mm，如图4-50所示。计算依据：384×2（高1）+352（高2）+75（踢脚线高）+10（孔位上偏）=1205（mm）；根据这样的板块排孔设计，内部空间高度可以分别满足档案文件的高度需要。

旁板高度计算方法

（2）旁板宽度的确定

国际标准规定：在“32mm系统”中，前排系统孔距旁板前沿距离：盖门为37mm，嵌门为37mm加门厚。本文件柜为盖门，根据对称设计原则，旁板宽度为：37×2+32n（n为整数），结合柜体深度尺寸，计算出旁板宽度为394mm，如图4-50所示。

旁板宽度计算方法

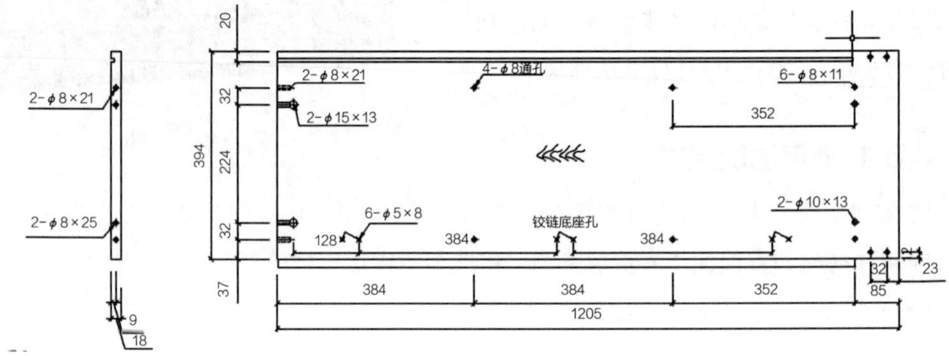

（a）左旁板

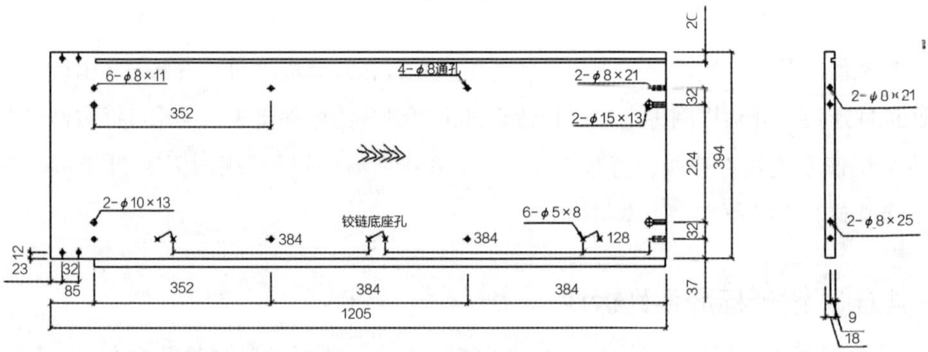

（b）右旁板

图4-50 左右旁板孔位图

（3）中竖板尺寸的确定

中竖板规格为1111mm × 372mm × 18mm，采用18mm厚三聚氰胺板，如图4-51所示。

（4）门系列尺寸的确定

根据旁板的高度及孔位的布置，本例中外盖式文件柜柜门下沿与中间固定搁板中心孔位对齐，上沿与顶板之间缝隙为2mm，如图4-52所示，高度计算公式：384 × 2+352−2=1118（mm）；根据造型需要，宽度设置为395mm（与旁板尺寸接近及板材最大化利用）。

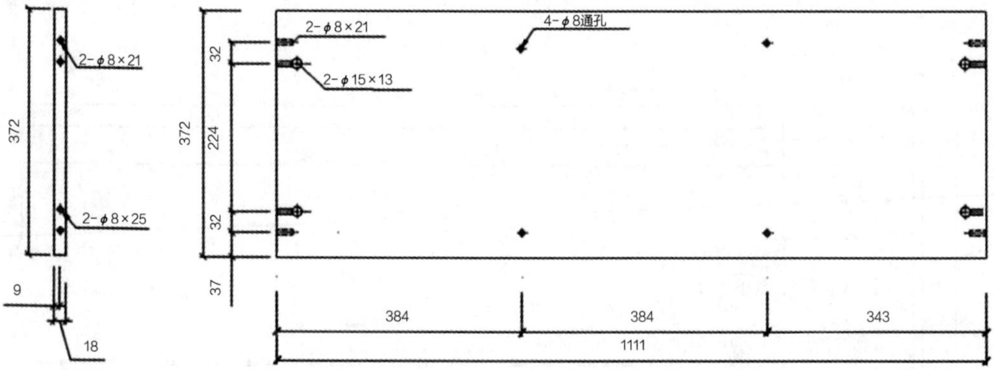

图4-51　中竖板尺寸

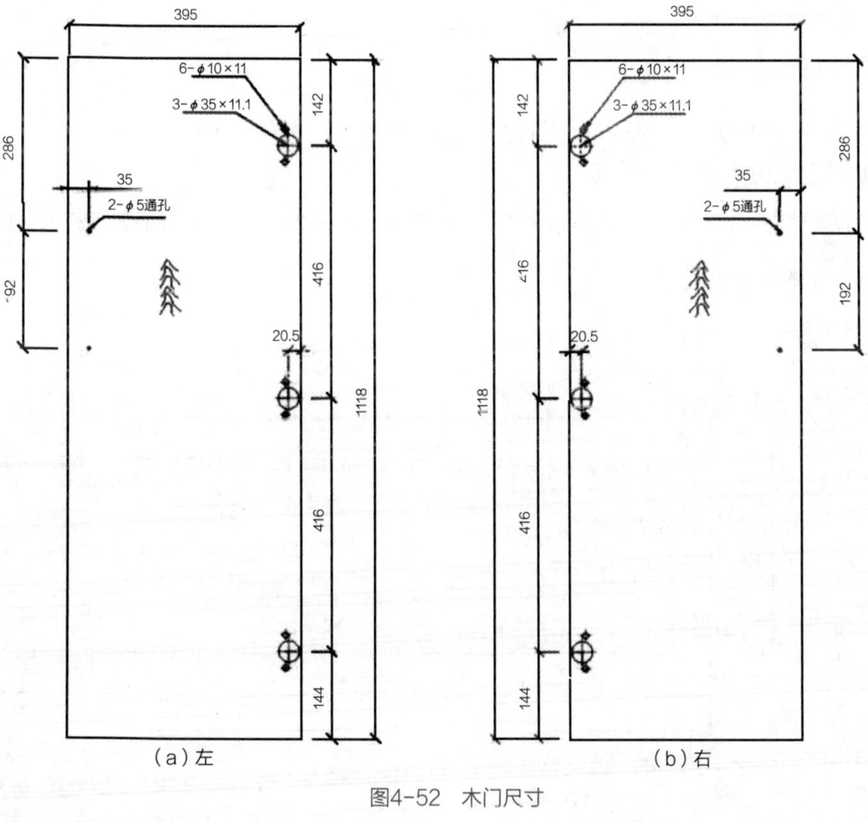

（a）左　（b）右

图4-52　木门尺寸

（5）门上铰杯孔位的确定

因门的下边对应系统孔，而铰杯孔与装铰座的两个系统孔的中心在一条线上，所以铰杯孔的中心距门边为32*n*+16。本例中，木门下铰杯孔中心距门下沿：32×4+16=144（mm）；木门上铰杯孔中心距门上沿：32×4+16−2=142（mm）（2mm间隙），如图4-52所示。

（6）顶板尺寸

顶板尺寸如图4-53所示，采用空心板件，实木封边，用圆榫定位、偏心连接件与内旁板接合。

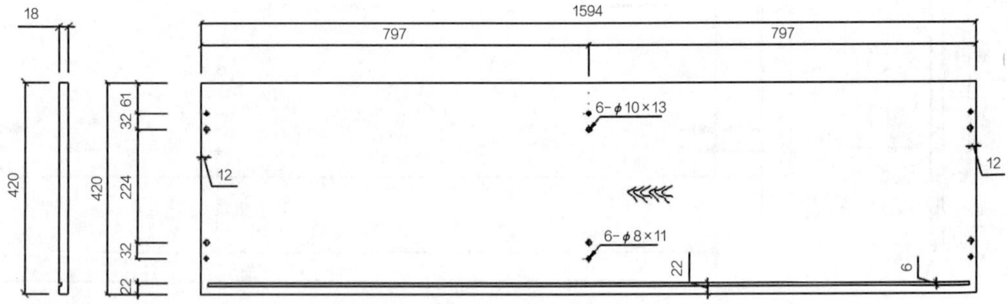

图4-53 顶板尺寸

（7）底板尺寸

底板规格为1552mm×394mm×18mm，采用18mm厚三聚氰胺板，如图4-54所示。

（8）固定层板尺寸

固定层板规格为767mm×372mm×18mm和766mm×372mm×18mm两种，采用18mm厚三聚氰胺板，如图4-55所示。

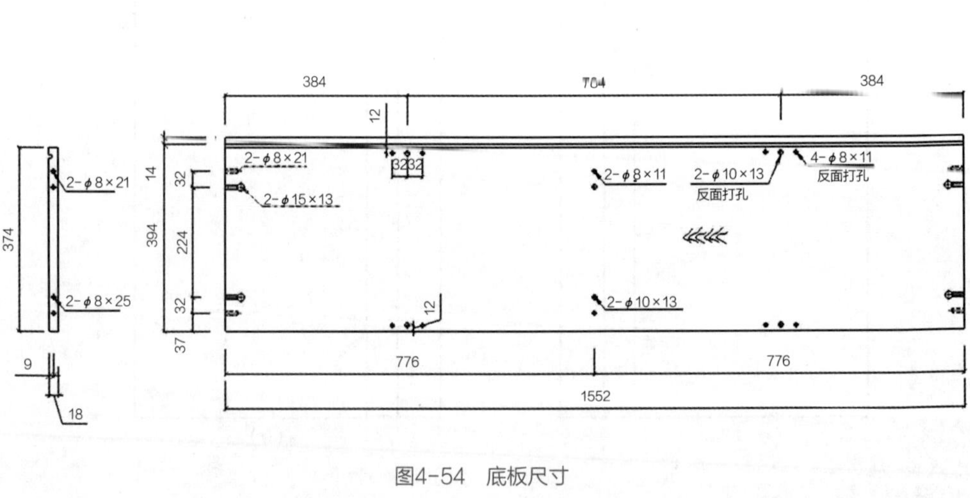

图4-54 底板尺寸

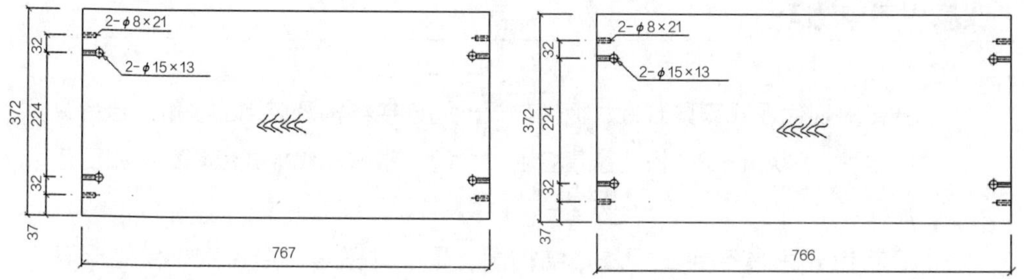

图4-55　固定层板尺寸

（9）踢脚板

踢脚板零件图如图4-56所示。

最终的三视图及尺寸如图4-57所示，为根据“32mm系统”设计要求进行调整后的精确尺寸。

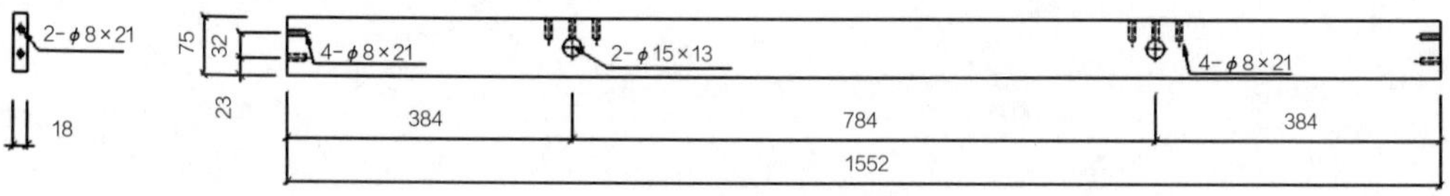

图4-56　踢脚板尺寸

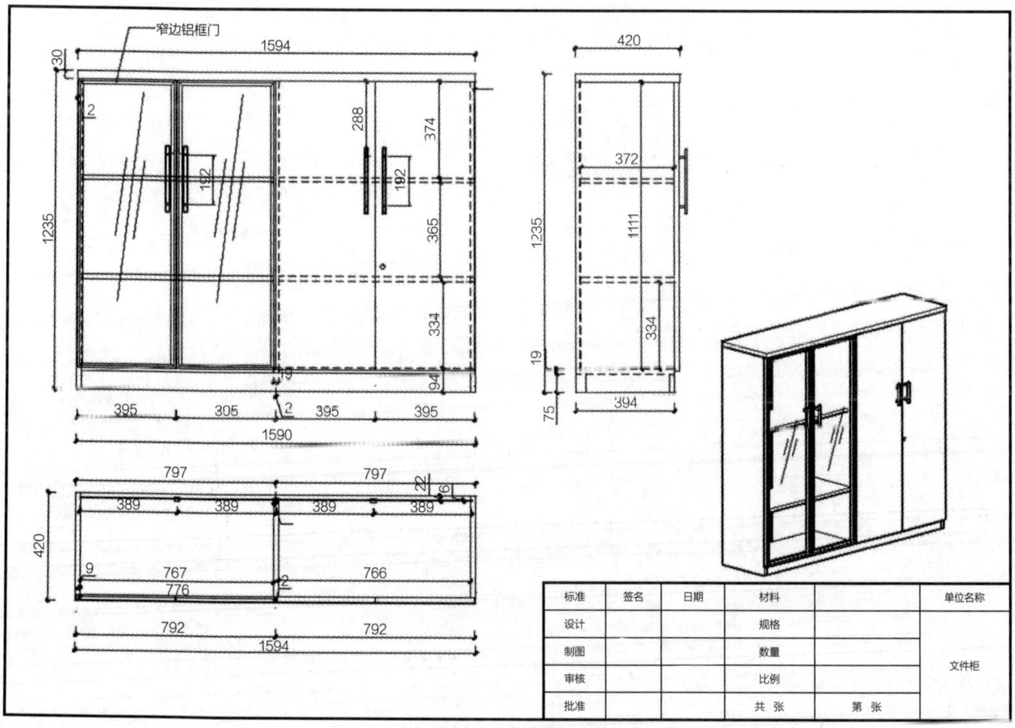

图4-57　文件柜三视图

课后思考与练习

（1）强化对现代板式家具五金、板件与板件间连接结构及应用的了解，结合课程学习，参观1～2个板式家具企业，学习、了解现代板式家具结构和工艺流程。

（2）绘制板式家具产品三视图、结构图、零部件图等。结合案例绘制一套“32mm系统”板式家具设计图、各零件尺寸图，并标注孔位尺寸，注明材料，呈现出结构与加工工艺。

第5章　软体家具结构设计

>>>学习目标

- 熟悉、了解软体家具的分类和原辅材料。
- 熟悉、了解传统沙发的外部结构和内部结构。
- 熟悉、了解床垫种类和弹簧床垫的结构。
- 熟悉、了解软体床的分类和结构。

随着家具行业的快速发展，人们对新材料、新技术、新领域不断研究、探索，软体家具也得到了发展。软体家具一般是指不同材料（如实木、人造板、金属等）制成框架，辅以弹簧、绷带、泡沫海绵作为弹性填料，表面包覆各式面料制成的具有一定弹性的坐卧类家具的总称。现代软体家具品种多样，主要有沙发、沙发床、软椅、床垫等。

5.1 软体家具的分类

5.1.1 按结构分

软体家具按其结构可分为内骨骼软包家具、外骨骼软包家具、无骨骼软体家具和软骨骼家具，见表5-1。

表5-1 软体家具按结构分类

种类	特性	图示
内骨骼软包家具	目前国内市场上比较常见，用软质材料将内部框架结构完全包覆，这种结构的软体家具制作成本低，容易被接受	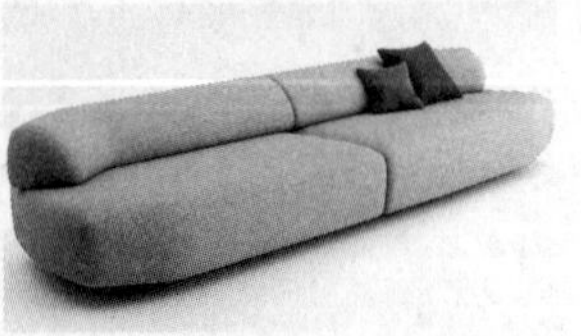
外骨骼软包家具	外部以框架为主体，局部用软质材料包覆，达到软体家具的舒适性与美观性。现在也有很多是内部四周和座面都有软垫或者软包的软体家具	
无骨骼软体家具	随着材料与生活方式的变化，目前产生了诸如充气、充水、聚乙烯泡沫注模、全软垫等无框架式家具，这类家具往往受年轻人喜欢	
软骨骼家具	软骨骼家具还可分为弹性结构软垫家具、弯曲木软垫家具、框架多处可调节家具	

5.1.2 按材料分

软体家具按其材料可分为皮革类软体家具、织物类软体家具和塑料类软体家具，见表5-2。

表5-2　软体家具按材料分类

种类	特性	图示
皮革类软体家具	以真皮、人造皮革作为外套材料的软体家具，如牛皮沙发、皮革床等	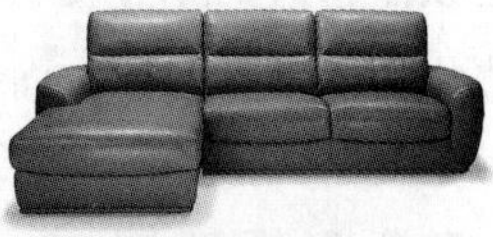
织物类软体家具	以布料等纺织材料为外套的软体家具，如布艺沙发等	
塑料类软体家具	以塑料为主要材料所制成的软体家具，如外壳为塑料的软体椅	

5.1.3 按功能分

软体家具按其功能可分为软体坐具、软体卧具和其他功能软体家具，见表5-3。

表5-3　软体家具按功能分类

种类	特性	图示
软体坐具	目前常用的软体坐具可分为五大类：软包座椅、沙发、沙发床、软体系统及软垫凳。软体坐具为软体家具的主要品类，沙发是软体家具重要的种类之一。狭义的沙发是指一种装有弹簧软垫的低座靠椅。广义来说，凡是装有软垫或柔软接触表面的坐卧用具，均可称为沙发，如沙发凳、沙发椅、沙发床等	
软体卧具	软体卧具除了坐卧两用的多功能软体家具外，还有各类软床与床垫的总称。软床是由板木结合的框架覆以高回弹海绵包覆，可以做成布艺床，也可以做成皮质床。床垫是为了保证消费者获得健康和舒适睡眠而使用的一种介于人体和床之间的软体家具，主要品种有弹簧床垫、棕榈床垫、乳胶床垫、水床垫、气床垫、磁床垫等，在这些床垫中，弹簧床垫占较大的比重	
其他功能软体家具	包括多功能软体家具、软体储物家具、软体家具装置等。由于技术的进步，软体家具产生了更多的家具类型，如软体箱柜、软体桌、室内软体隔断家具等，这些新类型的软体家具不仅体现了设计师的创意和新材料、新工艺的突破，也强调了一种新的视觉元素或者人们的环保、可折叠等观念	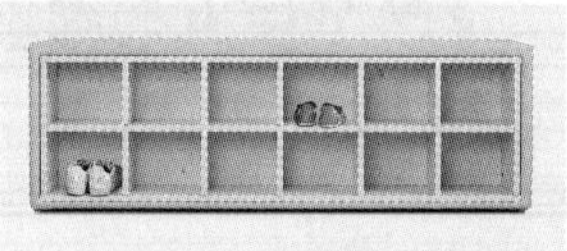

5.2 软体家具的原、辅材料

软体家具的原、辅材料主要包括框架材料（木材、木质复合材料、金属等）、弹簧、软垫物、绷带和底布、面料、钉、绳、胶黏剂、五金连接件等。

5.2.1 框架材料

（1）木质材料

软体家具的框架结构最常用的为木质材料，如图5-1所示，包括实木和人造板，如胶合板、刨花板、纤维板、单板层积材等。传统框架以实木材料为主，现代则多采用实木和人造板相结合的结构。现代人造板的广泛使用，使沙发框架结构有了新的发展，如随着胶合弯曲工艺的发展，沙发造型也随之丰富多变起来，无须绷带或弹簧，在弯曲的人造板面上包上软包材料，就变成时尚的沙发了。

（2）金属

软体家具中的金属材料通常以管材、板材、线材或型材等形式出现，如图5-2所示。除作为软体家具的框架材料外，还具有很好的装饰性。金属材料强度高、弹性好、韧性强，可以进行焊、锻、铸造等加工，可以任意弯曲成不同形状，形成曲直结合、纤巧轻盈、简洁明快的各种软体家具造型。

（3）塑料

塑料以其鲜艳的颜色、新颖的造型、轻便实用的特点，在沙发中得到淋漓尽致的应用，如图5-3所示。塑料成型就是将不同形态（粉状、粒状、溶液或者分散体）的塑料原料按不同方式制成所需形状的坯体。塑料的成型工艺有很多种，包括注射成型、挤出成型、压延成型、吹塑成型、压制成型等，很多种成型工艺已经开始在家具行业中运用。

（4）竹藤材料

用竹藤材料做沙发的框架（图5-4），既保持了竹（藤）特有的质感和性能，又克服了易干裂变形的不足，同时还考虑到现实的需求观念。竹子本身就是很好的速生资源，是

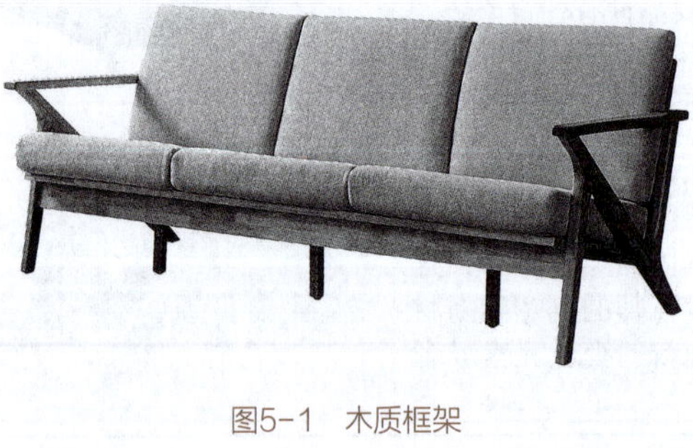

图5-1　木质框架

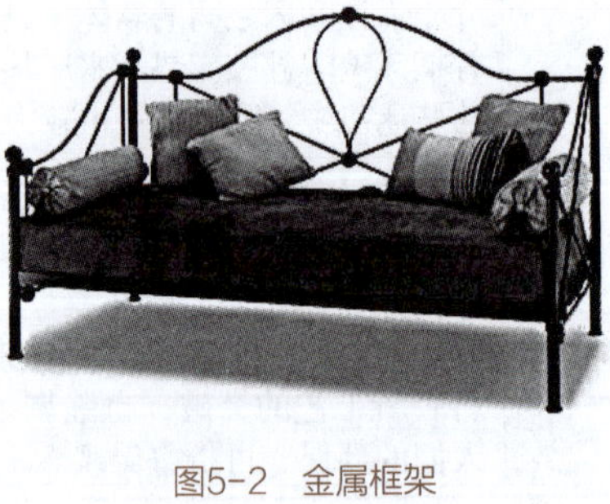

图5-2　金属框架

图5-3　塑料框架

图5-4　竹藤框架

一种优质的木材代用品，而且在制作过程中较少使用胶黏剂，对人体健康有益。以此类竹藤材做出的沙发框架既漂亮、清雅，又实用、耐用。

5.2.2 软体材料

（1）弹簧

弹簧是软体家具的主要材料之一，使用弹簧的目的在于提供优良的弹性，并在压力撤销后，能使软体家具表面恢复原状。软体家具的舒适感多来自弹簧的弹性，能否达到效果，并不取决于弹簧数量的多少，而是依赖于弹簧的结构和质量的高低。常见有螺旋弹簧和蛇形弹簧两类，而螺旋弹簧按形状又可分为中凹型螺旋弹簧、圆柱形螺旋弹簧（布袋弹簧）、宝塔形螺旋弹簧、拉簧等，见表5-4。

表5-4　弹簧的种类

种类	特性	图示
中凹型螺旋弹簧	具有良好的弹性且固定方便，是软体家具生产中应用最广泛的一类弹簧。在沙发生产中主要用于传统结构沙发的坐垫部分，连接式弹簧床垫芯以中凹型螺旋弹簧为主体，并用螺旋穿簧和专用铁卡固定在一起	
圆柱形螺旋弹簧	由一定直径的碳素弹簧钢丝盘绕而成，常用的自由高度为120～125mm，它保留了传统的高质量弹簧特性，通常将圆柱形螺旋弹簧独立缝制于无纺布袋中，然后用热熔胶将各个布袋组装成一个整体，每个弹簧体可分别动作，独立支撑，一般用于制作沙发坐垫包或袋装式弹簧芯	
宝塔形螺旋弹簧	呈圆锥形，故又称圆锥形螺旋弹簧、喇叭弹簧。使用时大头朝上，小头钉固在骨架上。这样可节约弹簧钢丝用料，但稳定性较差。常用钢丝穿扎成弹性垫子，适用于汽车和沙发坐垫等	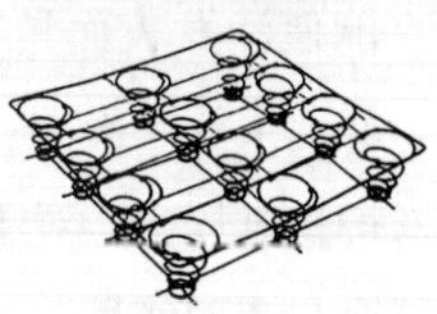

续表

种类	特性	图示
拉簧	一般由直径为2mm的70号钢丝绕制，其外径为12mm，长度根据需要定制。拉簧常与蛇簧配合使用，也可单独用作沙发的靠背弹簧	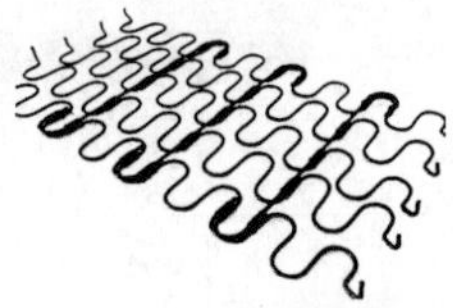
蛇形弹簧	又称弓簧、曲簧，多数采用直径为3.0～3.5mm的碳素钢制成，呈蛇形弯曲，因此有“蛇形弹簧”之称，其宽度一般为50～60mm，长度可根据实际需要而定。可单独作为沙发底座及靠背弹簧，也可与绷带配合使用，且表面通常以泡沫海绵作为软垫层	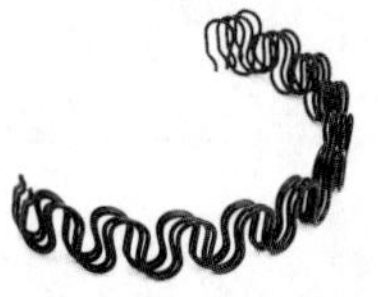

（2）软垫物

软垫物主要有泡沫海绵、棉花、羽绒、人造棉、棕丝等具有一定弹性与柔软性的材料。

泡沫海绵是一种充满气体、具有封边性松孔结构（孔壁互不相通）或连孔性松孔结构（孔腔相通）的新型轻质塑料。具有质轻、绝热、隔热、绝电、耐腐蚀等特性，而且有足够的强度、优良的弹性和耐磨性等。泡沫海绵在软体家具生产中应用也日益广泛，已成为软体家具的主要材料之一。用于软体家具上的主要是软质聚氨酯泡沫海绵，常用的有海绵、杜邦棉、乳胶海绵、记忆海绵等。

图5-5　高回弹海绵

① 海绵是一种聚氨酯软发泡橡胶，具有较好的弹性，通常可以分为高回弹海绵、低回弹海绵、特硬棉、超软绵、特殊绵等；另外，还可以分为防火海绵与非防火海绵。用于沙发填充的海绵主要有常规海绵、高回弹海绵（图5-5）和乱孔海绵（图5-6）三类，主要应用在坐垫、靠垫及扶手上。沙发生产中常用的海绵密度为20～35kg/m^3，密度高的用于坐垫，密度低的用于靠背和扶手。

图5-6　乱孔海绵

② 杜邦棉（图5-7），俗称喷胶棉，是一种多层纤维结构的化纤材料，它能以较轻的重量达到较好的填充效果。在沙发生产工艺中，常应用于海绵与布料之间的填充。一方面，能使沙发表面具有良好的质感，使用料包扎得饱满平稳，质地柔软、滑润、耐磨，弹性也较理想；另一方面，在沙发打皮过程中，对于沙发边角等需要修补的部位能起良好的填充与造型作用。

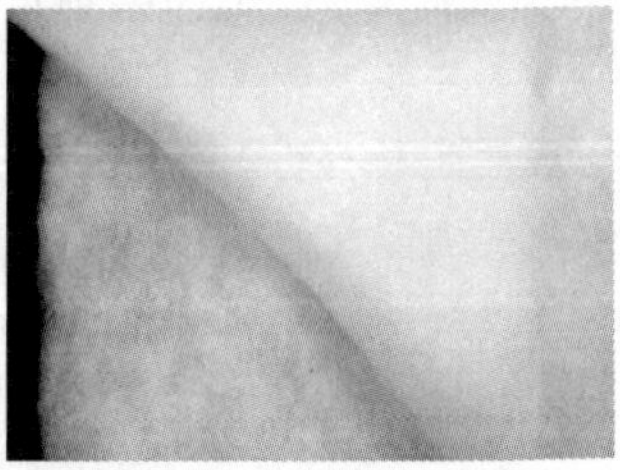

图5-7　杜邦棉

③ 乳胶海绵（图5-8）是乳胶经过发泡处理后形成的富有弹性的白色泡沫物体。一次发泡成型，无须连接或裁切。乳胶海绵的弹性比海绵大，密度也比海绵高，可直接用作床垫等软体家具。较厚的乳胶海绵为了减轻重量，背面制成圆柱形凹孔。

图5-8　乳胶海绵

④ 记忆海绵（图5-8）能根据人体对床垫的压力自动调节承托力，并延时释放回弹力，持续有效地将人体重量均匀分散，以达到最佳承托力，保证人体每一个部位都有相适应的受力面积。

图5-9　记忆海绵

⑤ 活性呼吸海绵（图5-10）是采用纳米改性竹炭技术制成的海绵，具有杀菌、调湿、调温、清新空气等功能，使床垫更环保、更健康。

棕丝具有较强的柔韧性与抗拉强度、不吸潮、耐腐蚀、透气性好、使用寿命长等优点，所以一直是我国弹簧软体家具中主要的软垫物。与棕丝材料类似的软垫物有椰壳衣丝、笋壳丝、麻丝、藤丝等。

图5-10　活性呼吸海绵

棉花作为弹簧软体家具的填充物，铺垫于面料下，以使用料包扎得饱满平稳、质地柔软、滑润、耐磨，弹性也较理想。现在泡沫海绵逐渐取代了棉花，故棉花在软体家具中的应用已逐渐减少。

羽绒是将细羽毛经过水洗、除尘、消毒、烘干等多道工序制成羽绒或毛片，具有质地轻柔、保暖透气、坐感舒适、长期使用变形小等特点，在现代高档沙发中应用越来越广泛。但羽绒价格高，弹性不佳，通常与海绵配合起来使用。

图5-11　3D网布

人造棉是棉型人造短纤维的俗称，有些地方也称公仔棉或丝棉，具有质地光滑、柔软性好、坐感舒适等特点，但力学性能差，压缩负荷小，耐火及耐酸碱性差，通常与羽绒混合起来使用，主要用于靠垫填料。

3D材料称3D网布（图5-11），指高弹高密三维立体中空结构，上下网孔，六面透气，中间采用功能性聚酯纤维材料，呈X-90° 支撑的软体材料。

（3）绷带

图5-12　绷带

绷带（图5-12）在现代沙发生产中应用非常广泛，

种类很多，有麻织类绷带、棉织类绷带、橡胶类绷带、塑料类绷带等多种结构。目前比较常用的是麻织类绷带或棉织类绷带，俗称松紧带，其宽度为50～70mm，卷成圆盘销售。绷带常纵横交错地钉在沙发、沙发椅、沙发凳的底座及靠背上，然后将弹簧稳固在上面。麻织类绷带强度较高、伸缩性小、弹性较好，是底座常用的绷带；棉织类绷带强度较低，一般用于扶手或靠背，而不用于底座。

图5-13 布料

（4）面料

面料是包在软体家具外表的织物，除了使用功能外，还起装饰、保护和美化等作用。软体家具的面料主要包括布料（图5-13）和皮革（图5-14）两大类。软体家具除面料的外观、色彩、图案外，更应重视面料的耐磨性、耐拉伸性、断裂性、透气性等性能。

图5-14 皮革

5.2.3 其他辅助材料

（1）底布

底布的材料有麻布、棉布、化纤布等。沙发生产中常用的为麻布，强度很高。带弹簧软体家具一般需要分别在弹簧及棕丝上各钉蒙一层麻布，沙发扶手需钉蒙两层麻布，起保护与支撑作用。棉布与化纤布一般用于靠背后面、底座下面，作为沙发遮盖布，起防尘作用，同时也作为面料的拉布、塞头布及里衬布，以满足制作工艺与质量的要求。

（2）面料绳

面料绳主要包括蜡绷绳、细纱绳、嵌绳、拉绳等。蜡绷绳由优质棉纱制成，并涂上蜡，能防潮、防腐，使用寿命长。细纱绳俗称纱线，主要用来使弹簧与紧蒙在弹簧上的麻布缝连在一起。嵌绳又称嵌线，需用20～25mm宽的布条包住，缝制在面料与面料周边交接处，以使软体家具的棱角线平直、明显、美观。

（3）钉

软体家具所用的钉，主要有圆钉、木螺钉、骑马钉、鞋钉、气枪钉、扣钉等。

① 圆钉主要用于钉制沙发的内结构框架及绷带，工厂常用卷钉枪来固定圆钉。

② 木螺钉按头部的形状可分为沉头木螺钉、半沉头木螺钉、圆头木螺钉，主要用于沙发骨架的连接。

③ 骑马钉主要用于钉固软体家具中的各种弹簧、钢丝，也可用于固定绷绳。

④ 鞋钉主要用于钉固软体家具中的底带、绷绳、麻布、面料等。

⑤ 气枪钉主要用于钉固软体家具中的底带、底布、面料。

⑥ 扣钉主要用于软体家具生产制作中，如弹簧与钢丝边的固定。在生产床垫弹簧芯时，四周弹簧的上下圈分别用扣钉固定于钢丝条上，起到稳定与加固作用。

（4）喷胶

软体家具中软垫层之间及软垫层与框架之间的连接一般要用到喷胶，是一种溶剂型橡胶胶黏剂，质地柔软，能与多种材料产生良好的胶合性能。

（5）装饰收口材料

软体家具生产中还会用到各种各样的塑料胶条、拉布条、锁合胶条等装饰收口材料，有些还会用到金属脚及脚轮，甚至还有专用的连接件和配件等。

5.3 传统沙发的结构

5.3.1 沙发的外部结构

沙发的外部结构

沙发的外部结构由沙发靠背、沙发座位、沙发扶手以及沙发脚等构成，如图5-15所示。

（1）沙发靠背

沙发靠背是人坐下时靠背的地方，也像一道屏风，所以也称为沙发屏。沙发靠背由沙发靠背架和沙发靠背包组成。靠背架部分包括靠背架后、靠背架侧、靠背架顶、靠背架底等；靠背包部分包括上靠背包、下靠背包、靠背包侧、靠背包中、靠背包顶、靠背包底、靠背包后以及靠背包内等。

（2）沙发座位

沙发座位，顾名思义，是人坐的位置。沙发座位分为沙发座架和沙发座包两大部分。座架和座包的结构差不多，都包括座前、座后、座侧、座面上和座底等。

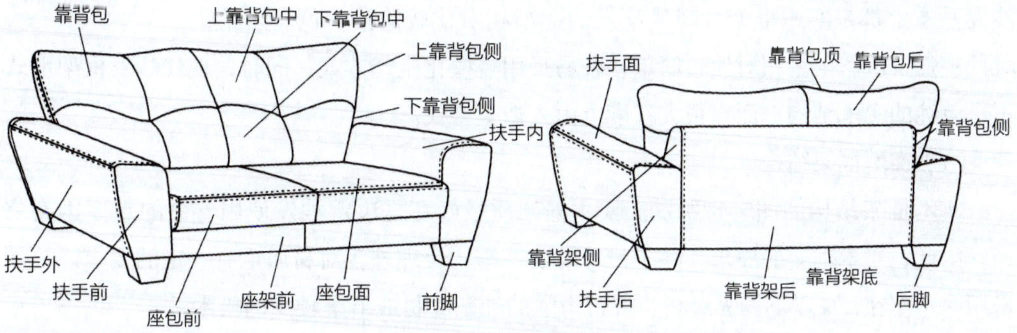

图5-15　沙发的外部结构

（3）沙发扶手

沙发扶手是人坐下时双手摆放的地方。沙发扶手也分扶手架和扶手包两部分。沙发扶手包括扶手前、扶手后、扶手外、扶手内以及扶手面等。

（4）沙发脚

沙发脚是用作支撑整张沙发的，使沙发摆放平稳和美观，沙发脚又分沙发前脚和沙发后脚。

成品沙发的外形和尺寸有沙发的框架结构和尺寸、软层结构和尺寸等，起着决定性作用。

5.3.2 沙发的内部结构

沙发的内部结构（图5-16）由海绵、木架等组成。沙发木架还要按需求铺多层板、底布、松紧带和钉弹簧等。有时，沙发用公仔棉（和喷胶棉一样，也是棉的一种，但呈丝状，互不相连，弹性很好）代替海绵，以铁架代替木架。

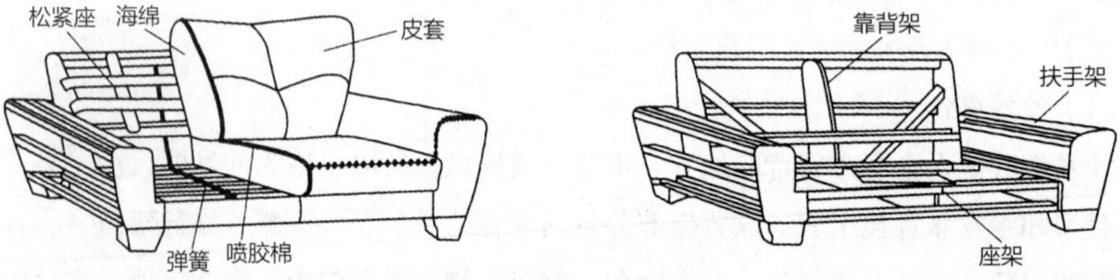

图5-16 沙发的内部结构

5.3.2.1 沙发木质框架

沙发木质框架

沙发根据款式和工艺不同，总体上可分为古典沙发和现代沙发两大类。其中，古典沙发的造型一般比较复杂，多采用雕刻、镶嵌等装饰手法，大部分采用传统的手工生产方式，生产工艺相当复杂。同时，古典沙发基本上都是实木框架。现代沙发的造型相对比较简洁，色彩素雅，时代感强，生产工艺相对比较简单，较易采用规模化生产方式。同时，现代沙发框架形式不是单纯的实木结构，而在很大程度上由人造板替代。

（1）实木框架结构

实木框架结构如图5-17所示。实木框架质量好坏是决定沙发使用寿命的重要因素之一。因此，对木框架的要求，除了尺寸准确、结构合理外，对材质也有一定的要求。一般采用含水率在15%以下，无腐朽、握钉力强的硬阔叶材或节子较少的松木。

① 外露木框架部分：如实木扶手、腿等，要求光洁平整，需加涂饰，接合处应尽量隐蔽，结构与木质家具相同，采用暗榫接合。

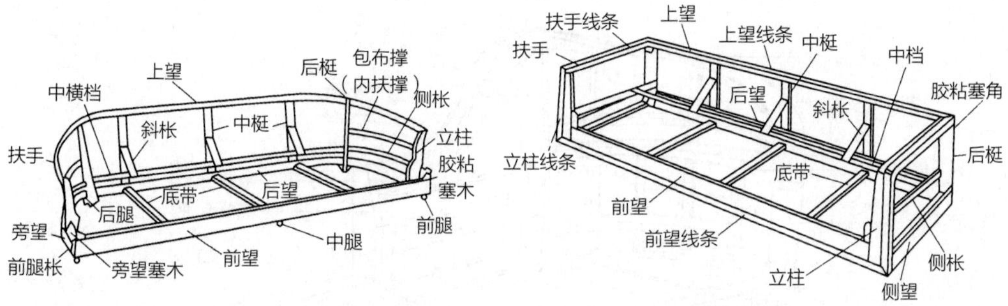

图5-17 实木框架结构

② 被包覆木框架部分：如底座框架、靠背框架等，可稍微粗糙，无须涂饰，接合处不需隐蔽，但结构要牢固，制作简便，可用圆钉、木螺钉、明榫接合，持钉的木框厚度应不小于25mm。

实木框架的接合常用榫接合、圆钉接合、木螺钉接合、螺栓接合和胶接合等形式。沙发脚是受力集中的地方，它要承受沙发和人体的重量，所以常采用螺栓连接。螺栓规格一般为10mm，常将圆头的一端放在木框外，拧螺母的一端放在框架内侧，并且两端均需放垫圈。为了使接合平稳、牢固，不管是圆脚还是方脚，与框架的接合面都必须加工成平面。沙发脚在安装之前，可预先将露出框架外的部分进行涂饰，涂饰的颜色要根据准备使用的沙发面料颜色而定，使两者相互协调。

坐垫框架和靠背框架的连接，因受力较大，一般采用榫接合，并涂胶加固或在框架内侧加钉一块10 ~ 20mm厚的木板，以增加强度。这部分的接合还可以采用半榫搭接和木螺钉固定。框架板件的厚度一般为20 ~ 30mm，不能太厚，以免增加沙发自重，造成搬动不便，且浪费材料；但也不能小于20mm，以免影响强度，造成损坏。全包木框架对粗糙度的要求不高，只要刨平即可。

（2）实木与人造板结合的框架结构

在现代沙发制作过程中，沙发的造型越来越丰富。而丰富的造型在很大程度上取决于框架的造型结构。为了适应这种趋势，人造板材料渐渐在沙发框架制作中得到应用，这主要是由于人造板本身的一些优势。目前相对应用比较多的人造板是多层板。实木与人造板结合的框架如图5-18所示。

沙发的造型取决于沙发内部的结构框架。从传统的加工工艺到现代的加工工艺，沙发框架在材料的选择上一直是以实木（杂木）为主，直线型零部件可在圆锯机上制得，而弯曲件则需通过锯制弯曲、方材弯曲等工艺制得，增加了生产制作成本及加工工艺的复杂性。

（3）杨木人造板框架结构

利用杨木人造板（多层胶合板、定向刨花板、单板层积材等）生产的沙发内部结构框架是针对沙发实木框架受众多因素制约而开发的一种新型木质复合材料结构框架。杨木人

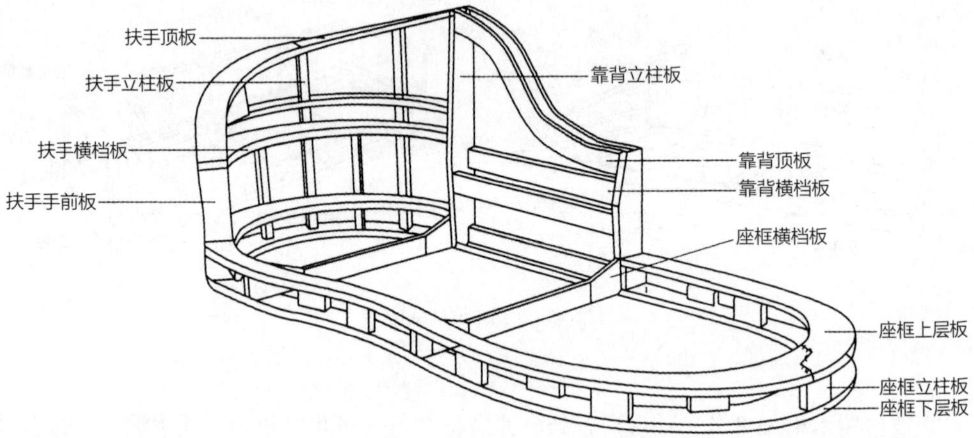

图5-18 实木与人造板结合的框架

造板既有实木框架良好的结构强度及稳定性，又克服了实木框架容易出现的翘曲变形、虫眼、节疤等不足。针对目前沙发框架需要更多异型曲面来满足沙发外观造型的需要，利用若干杨木人造板曲（直）边组合成形的独特优势，不仅可以节省木材资源、降低成本，还可以简化加工工艺，加速生产流水化，突出造型特征。

5.3.2.2 沙发软层结构

沙发的软层结构是沙发的重要组成部分，同时也是沙发定义的主要依据。软体部位的结构可分为螺旋弹簧、蛇簧和全泡沫海绵三类。螺旋弹簧沙发，弹性最佳，坐感舒适，材料、工时消耗较多，造价较高，主要用于高档软体家具。蛇簧沙发弹性欠佳，坐感较舒适，材料、工时消耗与造价比螺旋弹簧低，常用于中档软体家具。泡沫海绵沙发的弹性与舒适性均不如螺旋弹簧和蛇簧，但省工、省料、造价低，一般用于简易的软体家具、软垫及单纯装饰性包覆。螺旋弹簧和蛇簧沙发也都要采用泡沫海绵增加舒适性。

海绵按在木架上所用的位置可分为靠背用海绵、座位用海绵和扶手用海绵等。每个位置所用海绵的密度和厚度都不一样，应按不同位置所受力的不同来确定每个海绵的密度和厚度。人坐在沙发上，靠背所受的力比较小，可用低密度、比较柔软或者超软的海绵；扶手位置所受的力比较大，可用中等密度的海绵，软或中软的海绵都可以；沙发座位要承受人的重量，所受的力最大，所以要用高密度、弹性好的海绵，也有用弹簧或者人造棉。

（1）使用螺旋弹簧的沙发结构

全包沙发的软体结构可分为座、背和扶手三部分，其中座、背均含有螺旋弹簧，如图5-19所示。螺旋弹簧的下部缝连或钉固于底托上，上部用绷绳绷扎连接并牢牢固定于木架上，使其能弹性变形而又不偏倒。在绑扎好的弹簧上面先覆盖固定头层麻布，再铺垫棕丝，然后覆盖固定两层麻布，再铺垫少量棕丝后包覆泡沫海绵或棉花，最后蒙上表层面料。其中，弹簧的作用是提供弹性，棕丝、泡沫海绵、棉花等填料的作用在于将大孔洞的

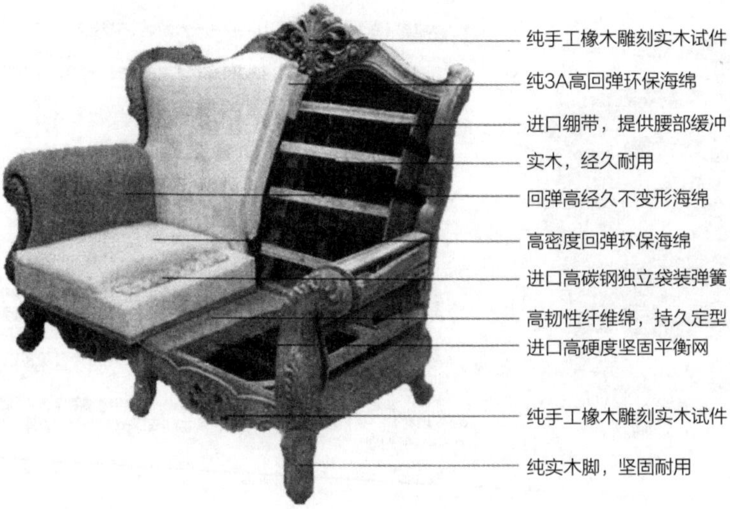

图5-19　螺旋弹簧沙发

沙发软层结构

弹簧表面逐步垫衬成平整的座面。加两层麻布有利于绷平，减少填料厚度。普通家具可酌情减免头层麻布上面的材料层次。填料除上述典型的材料外，也可选用其他种类，如亚麻丝、剑麻丝、椰丝、橡胶、浸渍椰丝、木丝、木棉、西班牙苔藓、马毛、牛毛、猪毛、橡胶浸渍毛、羽绒、鸭毛、鹅毛等，根据产品档次和填料的回弹性能选用，回弹性能好的用于高档软体家具。

绷绳织物作底托的绷带都用钉子固定。通常织物都用13mm长的鞋钉，钉距约40mm，其他用15mm长的鞋钉。

软体部分的高度由绷扎后的弹簧高度和填料厚度构成，填料厚度应小于25mm。弹簧绷扎后的高度根据弹簧软度而定。不过弹簧绷扎压缩量不得超过弹簧自由高度的25%，为此，应适当选配弹簧高度，以满足这一要求。

（2）使用蛇簧的沙发结构

可以用蛇簧作为沙发软体结构的主体，为座与靠背的主要材料，如图5-20所示。数根蛇簧使用专用的金属件或用钉子固定于木框上。座簧固定于前望、后望，背簧固定于上、下横档，各行蛇簧用螺旋穿簧连接成整体，中部各行间也可用金属连接片或拉杆代替螺旋穿簧。

蛇簧沙发上、下部的结构与螺旋弹簧沙发相同，即上部有麻布填料和面料，下部设底布。

（3）泡沫海绵软垫结构

泡沫海绵外面包覆面料就可做成软垫直接使用。以泡沫海绵为主要弹性材料的椅座、椅背，在泡沫海绵下需设底托支承。底托种类同螺旋弹簧结构，上面覆棉花与面料。泡沫海绵沙发如图5-21所示。

沙发的活动软垫结构在这里主要指的是可以活动的坐垫及靠垫。有两种结构形式：一种是带弹簧的填充活动软垫；另一种是无弹簧的填充活动软垫。

图5-20 蛇形弹簧沙发

图5-21 泡沫海绵沙发

带弹簧的填充活动软垫，主要采用袋包弹簧为主要弹性材料，外包海绵或其他填料，最后在外面套皮革或其他面料。

无弹簧的填充活动软垫，其填充材料比较多，有棉花、人造棉、碎海绵、鸭毛等，另有用多层海绵粘贴而成型的，同时也有用乳胶海绵通过异型加工切割而成的。

5.4 软体床的结构

5.4.1 软体床的分类

软体床是一种新兴家具类型，见表5-5。板木框架覆上高回弹海绵，可以做成布艺床，也可以做成皮质床。床头一般多采用软包结构，以便于靠背更舒适。

表5-5　软体床的分类

分类方式	种类	特性	图示
按床屏包覆材料	皮软床	床屏正面使用天然动物皮革包覆，其他外表面可以使用人造材料或纺织面料包覆的软床；产品外表面全部使用天然动物皮革包覆的软床为全皮软床	
	人造革软床	产品的主要外表面使用人造革包覆的软床	
	布艺软床	产品的主要外表面使用毛料、麻料、棉料、化纤或混纺等纺织面料包覆的软床	
按床垫放置形式	嵌垫式	放置床垫后，部分下沉在床边内部	
	非嵌垫式	床垫直接放置在床面上部	
根据储物结构	带箱式软床	在床体内设置一个箱体，排骨架和床栏之间用气压杆连接，可以实现床垫的升降。箱体内可以放置一些杂物，如棉被、衣服等。气压杆连接床架和排骨架，借助气压杆的力，可以轻松地拉起床垫	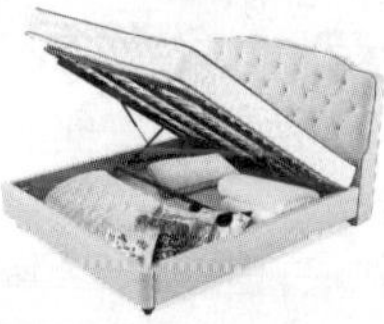
	抽屉式软床	在床栏上做抽屉，打破了传统床栏的单薄。宽床栏上开出抽屉，与普通的宽床栏相比，增加了储物功能，既时尚又有收纳空间	
	连体床头柜式软床	实现床头柜和床体的完美整合，功能齐全，简约而不简单。使用者伸手即可拿到物品，大大满足了使用需求	

5.4.2 软体床的结构

软体床的结构

软体床由床头、床边、排骨架及五金件构成，如图5-22所示。

（1）床头

床头设计符合人体工程学，靠感舒适。床头主要由内架（木架）、绷带、海绵及皮组成，部分软床还有外架。其中，内架多采用实木和人造板为主。床头主要由实木、人造板通过胶、钉连接，再铺设海绵，上面再附上面料。如图5-23所示的软床床头结构图，首先用木质材料加工出床头靠背的支架，再进行软包，从外到内材料依次为：真皮、公仔棉、高回弹海绵、记忆海绵、优质橡筋、复合夹板和实木框架。

（2）床边

床边一般使用密度较高的中纤板，可以防潮、抗压，不易变形；外包高密度海绵、面料，使人感觉填充料饱满；床边板之间接口均匀，可拆装。

（3）排骨架

有固定排骨架和气动排骨架两种。固定排骨架（图5-24）直接支撑，没有储物空间，底部无底板。气动排骨架（图5-25）与气动杆连接，内部有储物箱体，底部有底板，让物品存放井井有条。钢架坚硬，方管厚，接口细，焊口平，不变形，用防锈漆处理，外面再喷一层漆，整洁光滑。排骨条有实木条，松木、杨木等，光滑、平直、坚韧；也有用高密

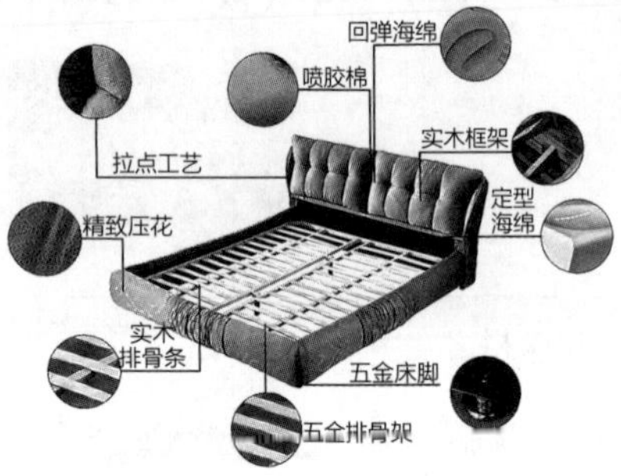

图5-22 软体床的构成

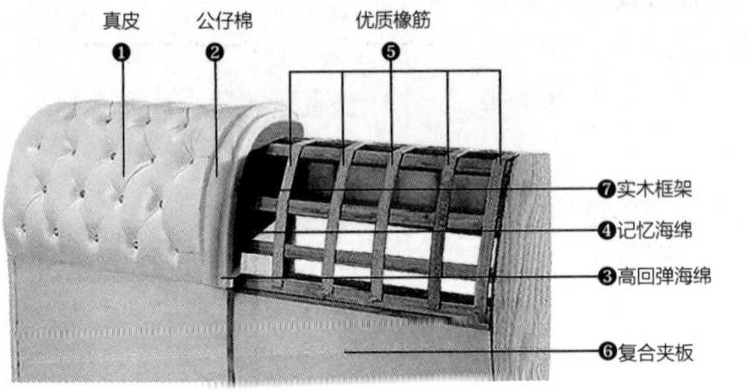

图5-23 软体床头的构成

图5-24 固定排骨架

图5-25 气动排骨架

度复合纤维板制成，特有弧形，富有弹性。床箱底板采用5mm厚中纤板，厚薄均匀，表面平滑，不变形，抗压性能好。

（4）五金件

床头和床边可用三角码连接，床脚与床边连接，脚底部有可调节螺杆，可根据需要调节高度。有的软体床为防止床垫移位，采用嵌入式设计，三挡深度调节，如图5-26所示。深度5cm适配床垫高度20～25cm，深度10cm适配床垫高度25～30cm，深度15cm适配床垫高度30～35cm。还有的软体床三段式拼装，用五金件上下卡托连接（图5-27）。排骨架和床边通过气动杆（图5-28）用螺钉连接，可升降床垫，用于储物。

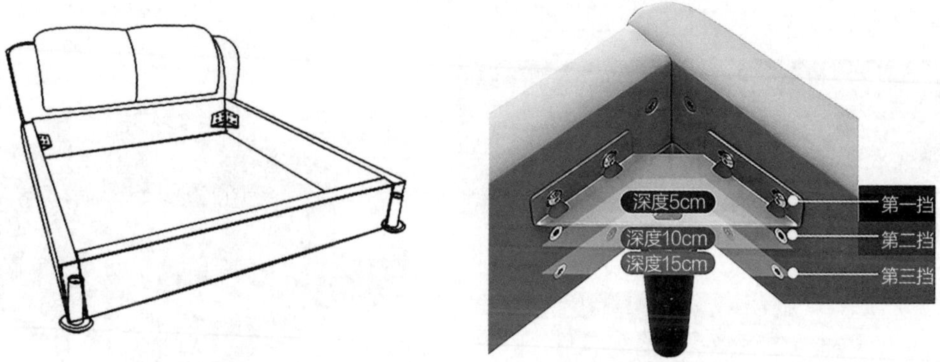

图5-26　三角码

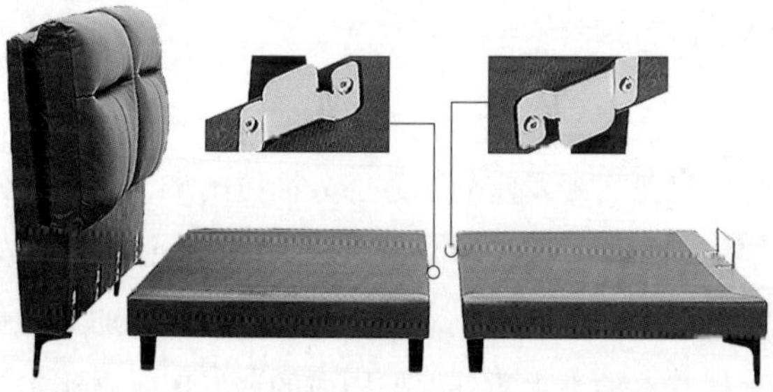

图5-27　上下卡托

图5-28　气动杆

5.4.3 沙发床的结构

沙发床通过折叠可以成为有靠背的沙发，平铺即变成一张软体床，提供临时休息，这种一物两用的多功能家具产品，适合小户型用户群体，可以节省空间，又可以改变居住环境格局。

沙发床的结构

（1）抽拉沙发床

抽拉沙发床如图5-29和图5-30所示。作为沙发使用时，床体等部分通过一些隐藏机

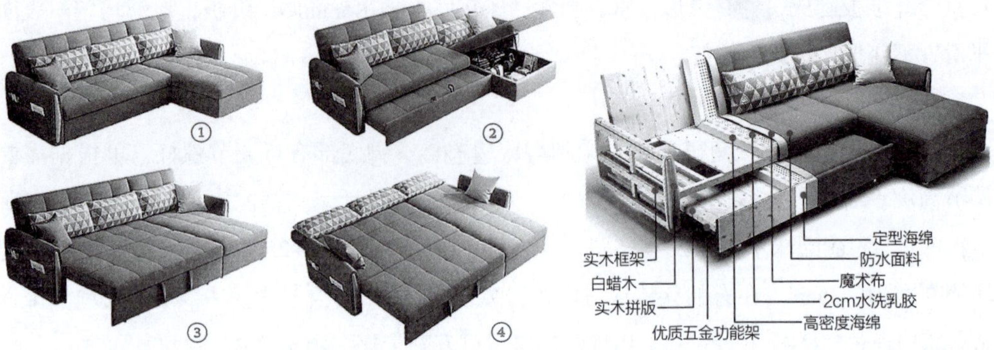

图5-29 抽拉沙发床的抽拉构成（木质加五金抽拉）

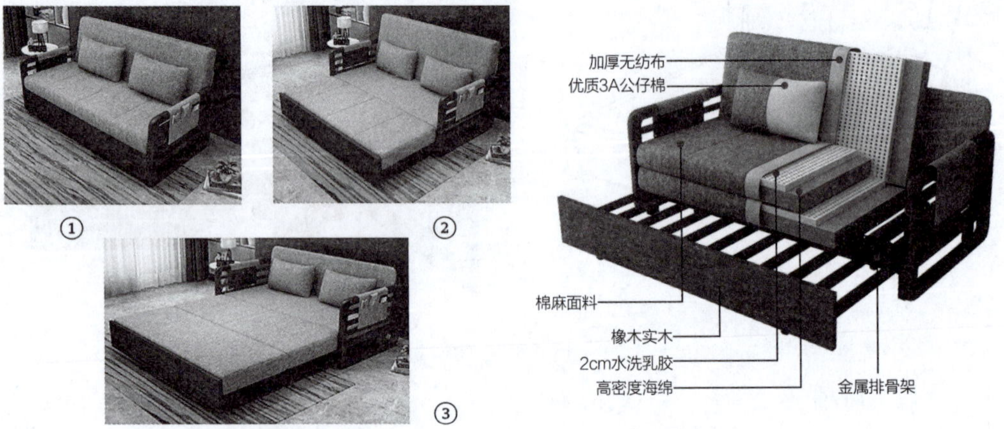

图5-30 抽拉沙发床的推拉构成（五金推拉）

构折叠放入沙发座下空间；作为床使用时，只要将沙发座的下方部分抽拉出来，垫子部分提起，靠背部分放下即可。由木质内框架构成的沙发床，沙发座面和靠背部分由木质框架覆上泡沫海绵和面料为固定座面，抽拉部分由木质框架覆上泡沫海绵和面料，再加上五金滑轨组成，可以从内部抽拉出后再提起。还有一种为木质外框架构成的沙发床，由实木与金属排骨架构成框架，外加活动软垫。金属五金件可抽拉伸缩，活动软垫自由摆放形成沙发床。

（2）折叠沙发床

折叠沙发床如图5-31和图5-32所示。最简单的折叠就是将沙发的靠背通过一个简单的弹簧机构或四杆机构放平，与沙发座位一起作为床身使用，比较经济实用。还有的折叠沙发床当作为沙发使用时，坐垫底下隐藏着内置折叠钢丝结构和床垫，当需要作为床使用时，将靠垫折向坐垫，然后从下方将内置钢丝结构翻出再展开，床垫也顺势展开形成沙发床。

图5-31　折叠沙发床（1）

图5-32　折叠沙发床（2）

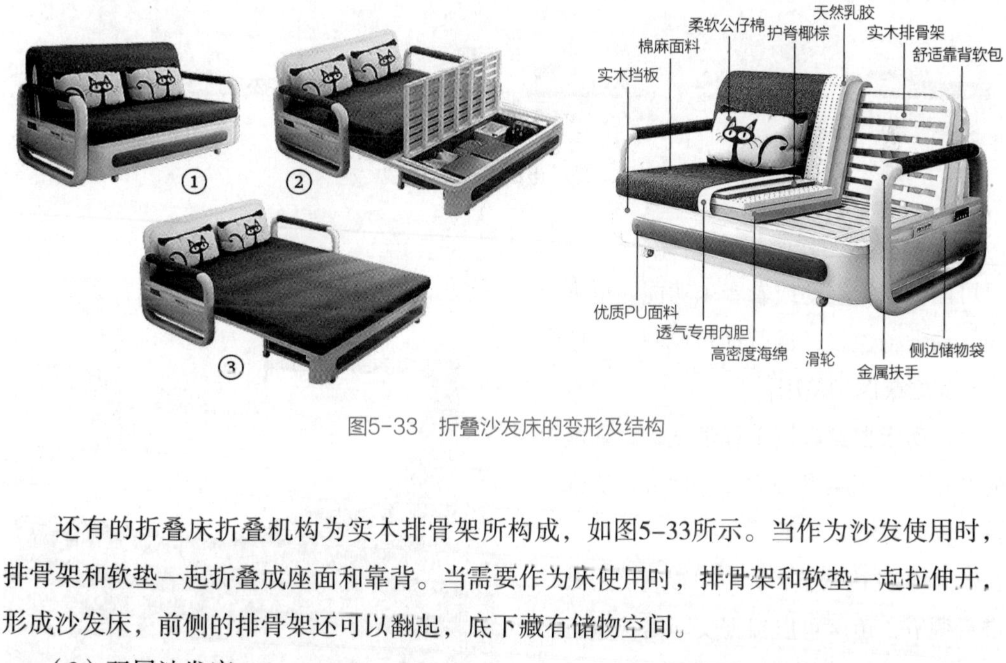

图5-33　折叠沙发床的变形及结构

还有的折叠床折叠机构为实木排骨架所构成，如图5-33所示。当作为沙发使用时，排骨架和软垫一起折叠成座面和靠背。当需要作为床使用时，排骨架和软垫一起拉伸开，形成沙发床，前侧的排骨架还可以翻起，底下藏有储物空间。

（3）双层沙发床

双层沙发床（图5-34和图5-35）由沙发通过一些隐藏的内置折叠机构翻转为双层床。当作为沙发使用时，上层床架和楼梯架折叠在座面下方。当需要作为床使用时，由座面前架向上折起翻转180°。折叠机构有的从沙发扶手后侧钢架翻起，也有的从扶手中央翻起。楼梯架折叠在上层床面外侧，再翻起上层床面的栏杆，起到保护作用。

5.4.4 电动床的结构

电动床为可电动控制床板头部或脚部高度，并自由调节床板弯曲程度的床架，分为排骨架式和床板式两大类，排骨架式称为欧式电动床，而床板式称为美式电动床 。根据需

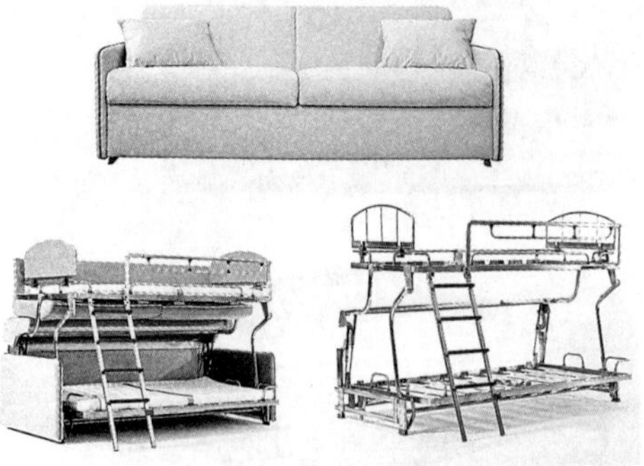

图5-34　双层沙发床（1）

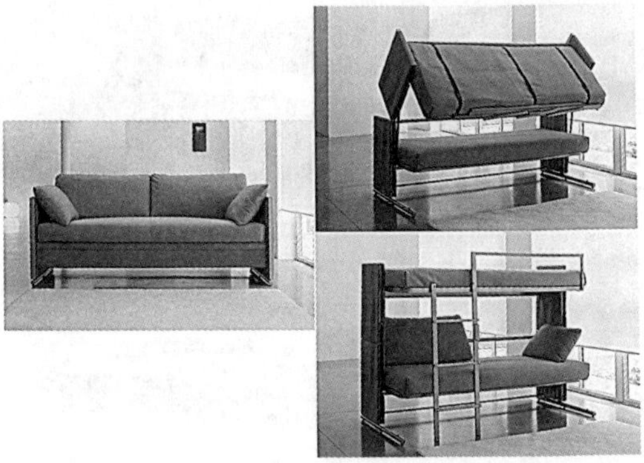

图5-35　双层沙发床（2）

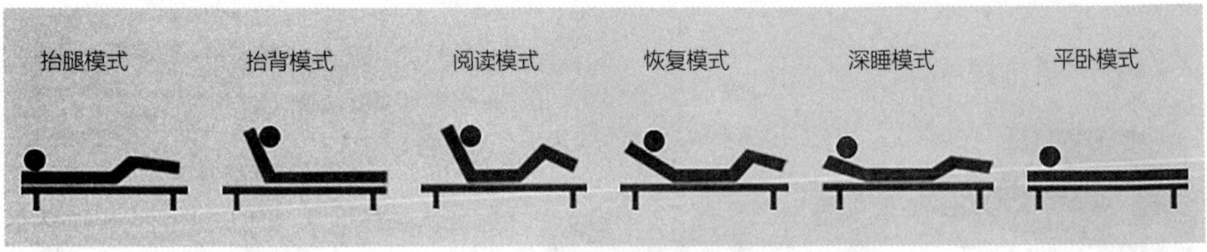

图5-36　电动床的调节模式

要可能会配置震动或者音乐功能，也可以与移动设备连接，进行远程控制，一般常见于家庭或医护使用。

电动床根据人体工程学设计，在电机的作用下，床架可分成五个部分：头部、腰背部、臀部、大腿部和脚部。头部可以在0°～85°进行调节，脚部可以在0°～45°进行调节，角度可以根据实际需求进行自由调节，以达到自己的需要，有抬腿、抬背、阅读、恢复深睡、平卧等模式，如图5-36所示。

（1）欧式电动床

欧式电动床（图5-37和图5-38）的排骨架床架一般采用优质实木，不变形，富有弹性，能起到缓冲作用，能提供很好的支撑，配合床垫使用。排骨架板条用专业布带串联起来，增加床架的受力面积，

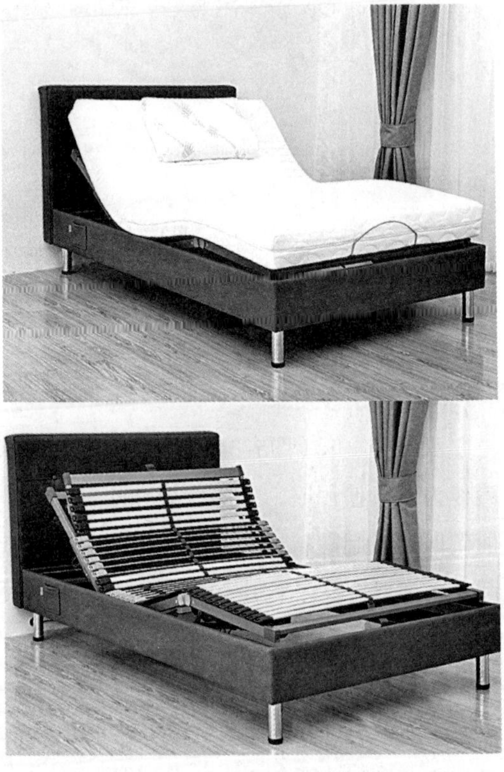

图5-37　板条排骨架电动床

保证板条受力均匀。电机保证静音，3500N的大推力，无级变速，保证电动床的平稳升降，另外配无线遥控器，各部分可单独控制升降。还有的电动床在排骨架床面上采用三维立体塑料花支撑，塑料采用专用高弹性塑料TPE，比一般板条富有弹性，支撑性更好，能更好地对床垫及人体进行支撑。床角处也采用塑料护角及不锈钢脚，美观、结实。

图5-38　塑料花排骨架电动床

（2）美式电动床

美式电动床（图5-39）的床架头部最高约60°，脚部最高约40°。背部和腿部分区按摩，均支持强、中、弱三个模式自由切换。在智能调节升降的基础上，有些智能床板还具有震动按摩、打鼾干预、健康预警、舒展拉伸、停电蓄力等功能，助力健康睡眠。交互式打鼾干预，当深睡打鼾时，智能床自动感知打鼾情况，无须人工手动调节，床头将缓慢抬升一定角度（10°～15°），顺畅呼吸，缓解打鼾，且头部升起和下降时速度约为0.4°/s～-0.5°/s（正常速度为1.5°/s～1.7°/s）。智能床板还能实时记录身体参数，上传云端积累数据，生成健康档案，警惕睡眠期间数据的重要变化，提前预警。

图5-39　美式电动床

课后思考与练习

（1）软体家具的定义和分类。

（2）软体家具的原、辅材料有哪些？

（3）沙发的外部和内部结构包括哪些？沙发的木框架结构有哪些？

（4）根据弹性主体材料不同，沙发的软体结构包括哪些？各有哪些构成？

（5）软体床的分类有哪些？软体床的结构有哪些？

第6章　金属家具结构设计

>>>学习目标

- 熟悉、了解金属家具的种类和结构类型。
- 熟悉、了解金属家具的常用材料。
- 熟悉、了解金属家具的连接形式。

金属材料与工艺的革新不仅提高了人类改造自然的能力，而且成为社会发展历程中的重要转折因素，代表着人类的文化、科学和技术飞跃式的进步。由此，人们用当时所使用的金属定义文明形态，如“青铜器时代”“铁器时代”等。金属家具是完全由金属材料制作或以金属管材、板材或线材等作为主构件，辅以木材、人造板、玻璃、塑料等制作而成的家具。金属强度高、弹性好、富有韧性，可进行焊、锻、铸造等加工或弯成不同形状，营造曲直、刚柔、纤巧、简洁等造型风格。

6.1 金属家具的结构类型

金属家具的结构类型

结构形式取决于造型、使用功能以及所采用的材料特点和加工工艺的可能性。按结构的不同特点，金属家具的结构分为：固定式、拆装式、折叠式、叠积式、插接式、悬挂式、升降式。

（1）固定式

固定式结构（图6–1）是指产品零部件之间均采用焊接、铆接、咬接等连接方式，连接后不可拆卸，各零部件间也没有相对运动。这种结构形体稳定、牢固度好，有利于造型设计，常用于一些重载的柜类家具，如金属文件柜、书柜等。但表面处理较困难，也给后面的镀、涂工艺带来一定的困难。常因生产场地和设备条件的限制，不得不将大构件分解开进行镀、涂加工，镀、涂后再焊接或铆接在一起。因而使工艺烦琐，工效下降，体积较大，增加了包装、运输费用，降低了产品的竞争力。

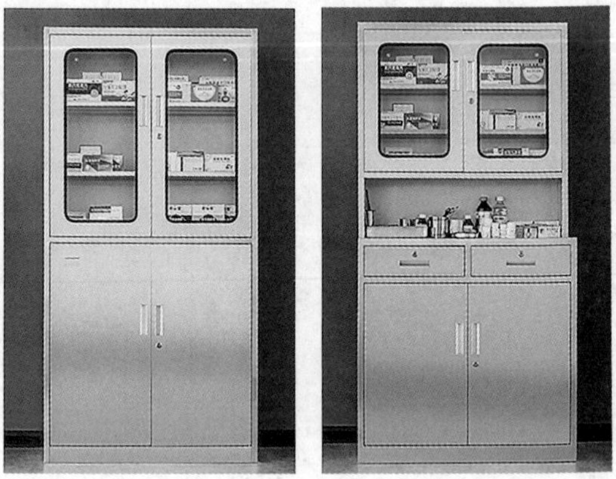

图6–1 固定式结构

（2）拆装式

拆装式结构（图6–2）是将产品分解成几大部件，用螺栓、螺钉及其他可拆卸连接件连接起来。要求拆装方便，讲究紧固件的精度、强度、刚度，并要加防松装置等。拆装式有利于设计多用途的组合家具。优点是零部件可拆卸，便于镀、涂加工，体积可以缩小，利于长途运输，减少包装费用，特别是大型或组合的家具，其经济效果更为明显。缺点是拆装过于频繁时，容易加速连接件及紧固件的磨损，不如固定式家具牢靠、稳定。

（3）折叠式

折叠式结构（图6–3）是以铆接结合铰链的方式将重要的零配件装配在一起。由于铆接提供给每个零件旋转和位移的便利，家具的支架可以折叠起来，达到结构变形的目的。

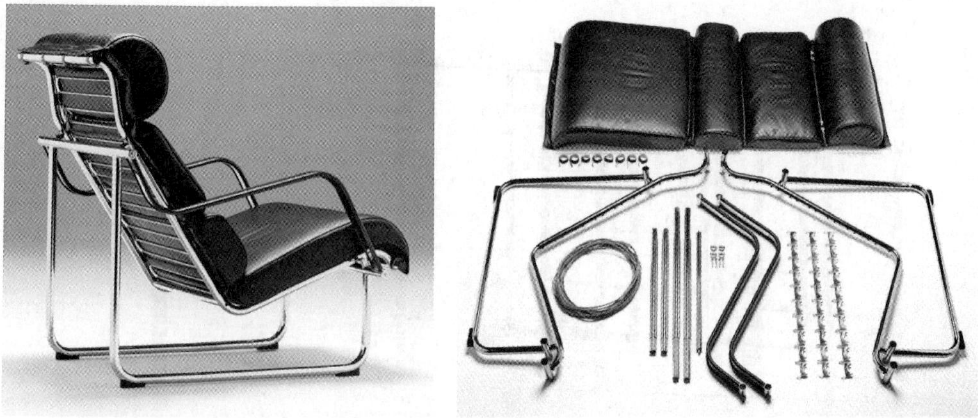

图6-2　拆装式结构

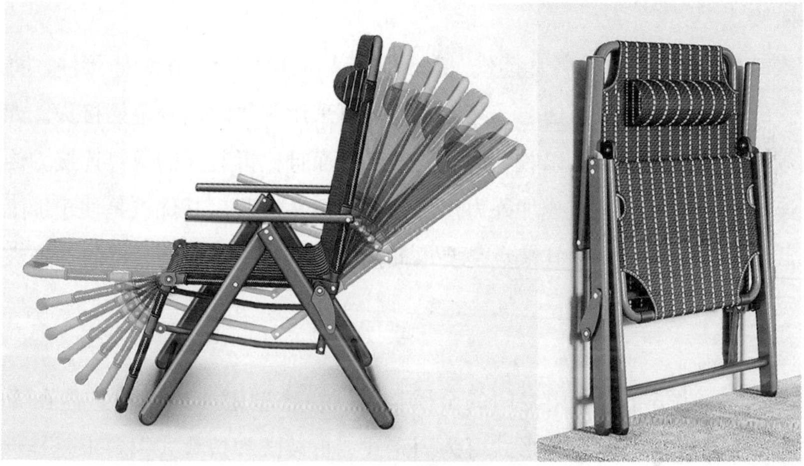

图6-3　折叠式结构

结构变形起到自由伸缩零件、变换尺度和缩放家具形体的作用，使折叠家具便于人们携带和运输。其缺点是对折叠零件的尺寸和孔距要求较高，其整体强度、刚度和稳定性略低。折叠结构是利用平面连杆机构原理，各相关零部件间以铆钉进行活动铆接，连接后，各零部件间可相互转动折叠，实现家具形体的变化，如各类折叠椅、折叠桌等。

（4）叠积式

叠积式结构（图6-4）主要按照叠积的功能要求设计，其主要连接方式为焊接、铆接和螺钉连接等固定连接，没有相对运动，但在高度方向是多件重叠放置。叠积家具不仅节省占地面积，还方便搬运。越合理的叠积（层叠）式家具，叠积的件数也越多。叠积式家具有柜类、桌台类、床类和椅类，但常见的是椅类。这些产品广泛使用于餐厅、会场、酒店等场所。进行这一设计时，应注意套叠时的稳定与平衡，防止碰撞、摩擦，因而对加工工艺有较高的精度要求。

图6-4　叠积式结构

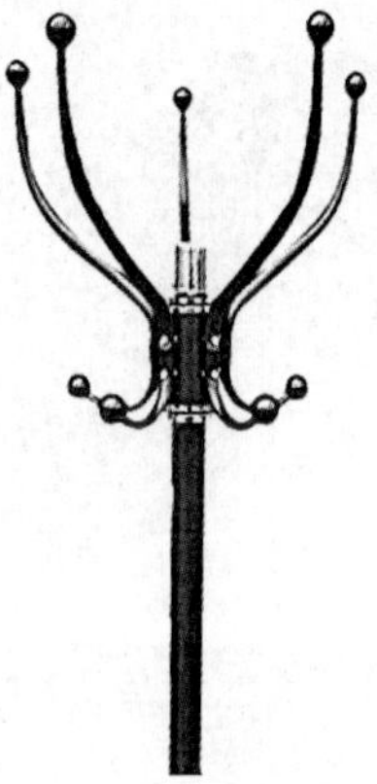

图6-5　插接式结构

（5）插接式

插接式结构（图6–5）又名套接式，是利用产品的构件管子作为插接件，将小管的外径插入大管的内径之中，从而使之连接起来。也可采用压铸的铝合金插接头，如二通、三通、四通等。这类形式同样可以收到拆装的效果，而且比拆装式的螺钉连接方便得多。竖管的插入连接，利用本身自重或加外力作用，使之不易滑脱。其优点是便于加工和涂、镀处理，降低包装、运输费用。其缺点是要求插接的部位加工精度高，具有互换性，整体牢固性、稳定性较差。

（6）悬挂式

悬挂式结构（图6–6）利用专门的金属构件，将小型柜体或撑板悬挂在墙体或搁板上，可以充分利用空间。其结构形式可为固定式、拆装式和折叠式，要求悬挂件及悬挂体本身设计得小巧而坚固，其有可靠的稳定性和安全性。

（7）升降式

升降式结构（图6–7）通过不同的升降原理进行家具高度的调节。电动升降主要是利

图6-6　悬挂式结构

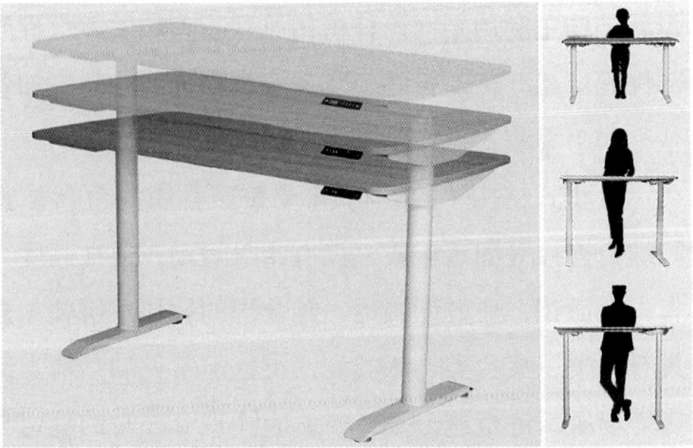

图6-7　升降式结构

用电力进行驱动，通过电机对机械装置进行控制，达到调节升降的效果。气动升降主要利用气压弹簧实现升降工作。升降速度较快，体积相对来说较小，不占空间。手摇升降主要通过摇动手把或是对机械装置进行手动调节，从而达到家具升降的效果。

6.2 金属家具常用材料

金属材料包括金属和以金属为主的合金。金属及其合金数目繁多，为了便于使用，工业上常把金属材料分为黑色金属和有色金属两大类。黑色金属是指以铁（还包括铬和锰）为主要成分的铁及铁合金；有色金属是指除黑色金属以外的其他金属及其合金，如铝、铜、铅、锌等金属及其合金。

图6-8　铸铁家具

（1）铸铁

铸铁常用来制造强度、韧度要求不高的有良好消震性、耐磨性的零件。同时，铸铁的铸造性优于钢，而且价格低廉，制作方便，因此，铸铁在产品设计中应用非常广泛，是家具以及一些机电产品主要承受压力的壳体、箱体、基座等工艺产品的材料。铸铁成型工件较粗糙，反光较暗淡、质硬，在心理上给人以凝重、坚固、粗犷的质感效果。铸铁家具如图6–8所示。

图6-9　锻铁家具

（2）锻铁

锻铁家具（图6–9）线条玲珑，气质优雅，款式方面更趋多元化，由繁复的构图到简洁的图案装饰，式样繁多，能够满足多种类型的室内设计风格。

（3）钢

在家具及室内装饰中常使用钢板与带钢、钢管等普通钢材以及各种小型型钢和不锈钢、装饰钢板等特殊钢材。钢家具如图6–10所示。

图6-10　钢家具

常用钢板一般为薄板，是热轧或冷轧生产，厚度在0.2～4mm，宽度在500～1400mm，可选用普通碳素钢、优质碳素结构钢、低合金结构钢和不锈钢等材质。热轧薄钢板主要用于金属家具的内部零部件及不重要的外部零部件，冷轧薄钢板则用于外部零件。

钢管分为无缝钢管和焊接钢管，无缝钢管按制造方法分为热轧、冷轧和挤压钢管等。家具及室内装饰中一般选用薄壁冷拔无缝钢管，其特点是质量轻、强度大。此外，高频焊接钢管也较为常用，这种钢管强度高、质量轻、富有弹性、易弯曲、易连接、易装饰，常用于制造金属家具的骨架。

型钢包括圆钢、方钢、扁钢、工字钢、槽钢、角钢及其他品种，主要用于金属家具的结构骨架及连接件等。

不锈钢是指以铬为主要合金元素的合金钢。铬含量越高，其抗腐蚀性越好。不锈钢中的其他元素，如镍、锰、钛、硅等也都对不锈钢的强度、韧性和耐腐蚀性有影响。由于铬的化学性质比较活泼，首先与环境中的氧化合生成一层与钢基体牢固结合的致密氧化层膜，这层钝化膜能够阻止钢材内部继续锈蚀，从而起到保护不锈钢的作用。

装饰钢板是在钢板基材上覆有装饰性面层的钢板。装饰钢板兼有金属板的强度、刚度和面层材料（一般为涂料、塑料、搪瓷等）优良的装饰性和耐腐性，在高档的公用家具中得到重视，用于制作文件柜、档案柜、书柜等家具。

（4）铝及铝合金

在铝中加入铜、镁、硅、锰、锌等合金元素形成各种类别的铝合金以改变铝的某些性质。铝合金既保持了铝质量轻的特性，力学性能又得到了明显提高，大大提高了其使用价值，广泛运用于金属家具的结构框架、五金配件中。铝家具如图6-11所示。

（5）铜及铜合金

在家具中，铜材是一种高档装饰材料，用于现代金属家具的结构和框架等。家具中的五金配件（如拉手、销、合页等）和装饰构件等均广泛采用铜材。铜家具如图6-12所示。

在铜中掺入锌、锡等元素形成铜合金。铜合金既保持了铜的良好塑性和高抗蚀性，

图6-11 铝家具

图6-12 铜家具

又改善了纯铜的强度、硬度等力学性能。常见的铜合金有黄铜（铜锌合金）、青铜（铜锡合金）等。黄铜主要用于制作铜家具的骨架、五金件及装饰件等。青铜是以铜与锡为主要成分的合金。锡青铜具有良好的强度、硬度、耐蚀性和铸造性。由于锡的价格较高，出现了多种无锡青铜，如硅青铜、铝青铜等，可作为锡青铜的代用品。无锡青铜具有较高的强度、优良的耐磨性及良好的耐蚀性，适用于生产家具的各种零部件及装饰装修。

6.3 金属家具的零部件连接方式

金属家具的金属件与木质材料及塑料件之间大都采用螺栓或螺钉、铆接等方式进行连接；金属与玻璃之间往往采用胶接和嵌接。而金属零件之间的连接方式则较多，各种连接方式都有各自的特点，在结构设计时应根据造型及功能要求、材料特性、加工工艺来进行选择。

6.3.1 焊接

焊接不同于螺钉连接、铆钉连接等机械连接方法。利用专门设备，通过加热或加压让金属熔化，使分离的两部分金属靠得足够近，原子互相扩散，形成原子间的结合，这就是焊接的实质。在金属家具制造中，焊接是零件连接的主要手段之一，其加工工艺简单、牢固度好、节约材料、操作灵活，但手工操作较多，难以实现自动化，而且因加热的缘故，零件易产生变形。

6.3.1.1 焊接工艺

根据家具所用材料及结构的特点，金属家具目前主要采用的焊接工艺有熔化焊（气焊、电弧焊、CO_2气体保护焊）、压力焊（电阻焊、电容储能焊）、钎焊（软钎焊、硬钎焊），钎焊大量用于刀具刀齿与刀体间的焊接。根据焊接空间位置，焊接工艺有平焊、立焊、横焊和仰焊。

（1）熔化焊

利用局部加热方法，把工件的焊接处加热到熔化状态，形成熔池，然后冷却结晶，形成焊缝，将两部分金属连接成为一个整体。

气焊是利用气体火焰作为热源熔化母材和填充金属的焊接方法。气焊使用的气体一般为乙炔和氧气。乙炔和氧气混合燃烧形成的火焰称为氧乙炔焰。气焊的焊丝只作为填充金属与熔化的母材一起形成焊缝。气焊不锈钢、铜、铝、铸铁等金属材料时，还应使用气焊熔剂，以去除焊接过程中形成的氧化物，改善液态金属的流动性，并起保护作用，促使获得致密的焊缝。气焊一般应用于厚度在3mm以下的低碳钢薄板和管子的焊件，对于焊接质量要求不高的不锈钢、铜和铝合金，也可采用气焊。气焊在家具生产中占有较重要的地位。

手工电弧焊是利用电弧产生的热量熔化母材和焊条的手工操作焊接方法。焊接前，把焊钳和焊件分别接到弧焊机输出端的两极，并用焊钳夹持焊条。所需设备简单，操作灵活，对空间不同位置、不同接头形式、短的或曲的焊缝均能方便地进行焊接。

气体保护焊是用外加气体保护电弧区的熔滴和熔池及焊缝的电弧焊，简称气体保护焊。

（2）压力焊

在焊接过程中需要加压的一类焊接方法称为压力焊。

电阻焊又称接触焊，生产效率很高，焊接变形小，易于实现自动化。但电阻焊设备昂贵，投资大，适用于成批、大量生产。

电容储能焊接也是接触焊的一种，采用电储能式焊接电源，可适应于点焊、缝焊和对焊工艺。电容储能焊在华北地区的金属家具生产中应用较多。电容储能焊接适合焊接较薄的工件，以及薄厚差别较大或材料性质差别较大的工件，并且焊缝美观。

由于金属家具主要是用薄壁管材和薄的板材，通过成型加工以后铆接和焊接而成，并且要求焊接接头光滑美观，变形量小。采用电储能焊接能满足上述要求。目前较普遍的是用于钢管折椅前后腿撑子，即“T”型焊的点焊、封帽及螺柱焊等。

（3）钎焊

利用熔点比母材（被焊材料）熔点低的填充金属（称为钎料或焊料），在低于母材熔点、高于钎料熔点的温度下，利用液态钎料在母材表面润湿、铺展和在母材间隙中填缝，与母材相互熔化与扩散，而实现零件间连接的焊接方法。

6.3.1.2 焊接结构

焊接结构的设计要根据结构的使用要求，包括一定的形状、工作条件和技术要求等，考虑结构工艺性，力求焊接质量良好，焊接工艺简便，生产效率高，成本低。焊接结构工艺性一般包括三方面，即焊接结构材料的选择、焊缝布置、焊接接头和坡口形式设计。

（1）焊接结构材料的选择

在保证结构使用要求前提下，应尽量选择焊接性能优良的材料来制造焊接结构件。常用金属材料一般都可焊，但其难易程度不同，即其焊接工艺的复杂程度不同、焊接接头性能下降程度不同。

异种金属的焊接需特别注意它们的可焊性。低碳钢和低合金钢系列，化学成分和物理性能都比较接近，它们之间进行异种焊接时，一般困难不大。但低碳钢和低合金钢与其他钢材焊接时，一般要求接头强度大于被焊钢材的最低强度，所以，设计时需要对焊接材料提出要求。有些异种金属，几乎不可能用焊接方法连接在一起。一般情况下，应尽量减少异种金属的焊接，以简化制造工艺。

（2）焊缝布置

在焊接结构中，焊缝的布置对焊接质量和生产效率有很大影响。焊缝要避开应力较大部位，尤其是应力集中部位。由于焊接接头性能下降，往往低于母材性能，而且焊接接头还存在残余应力，因此，要求焊缝避开应力大的部位，特别是要避开结构上应力集中的部位。

焊缝应避免密集交叉。这是因为多次焊接，过热严重，接头性能严重下降，同时，焊接残余应力也大，会降低承载能力，甚至引起裂纹。因此，压力容器制造中，不能采用十字焊缝，而且焊缝与焊缝之间要有一定距离。其他焊接结构的焊缝位置也应避免集中交叉。

焊缝设置应尽量对称。最好是能同时施焊，以减少焊接变形。焊缝一般应避开加工部位。不但要避开机械加工部位，更主要的是避开冷作硬化部位。

尽量减少焊缝长度和焊缝截面。这样可以减少焊接加热，减少焊接残余应力和变形，减少接头性能下降，降低焊接材料成本，提高生产效率。因此，可以不要求连续的焊缝，应该设计为断续焊缝。有时，可利用型钢或冲压件，以减少焊缝。这需要比较构件的综合质量要求，各种加工方案的成本，以及加工条件的可能性。

焊缝应尽量设计在能实行平焊的位置，以便于保证焊接质量与提高生产效率。在焊接生产时，尽量少翻转，以提高生产效率。

（3）接头形式和坡口形式设计

接头形式（图6–13）指母材焊接处的相对位置。接头形式的选择根据结构的形状和焊接生产工艺而定，要考虑易于保证焊接质量和尽量降低成本。

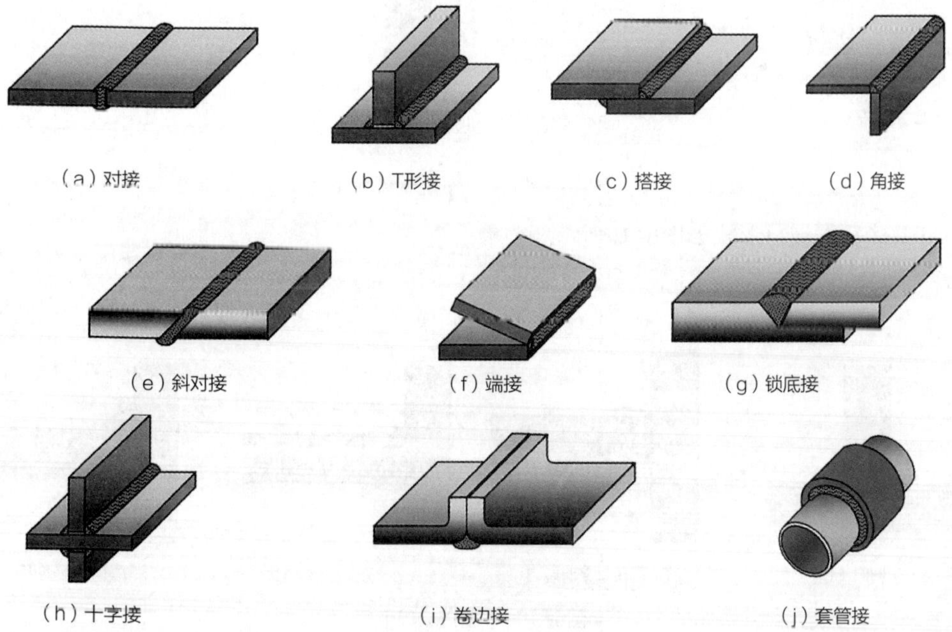

图6–13　接头形式

对接基本坡口形式如图6-14所示。

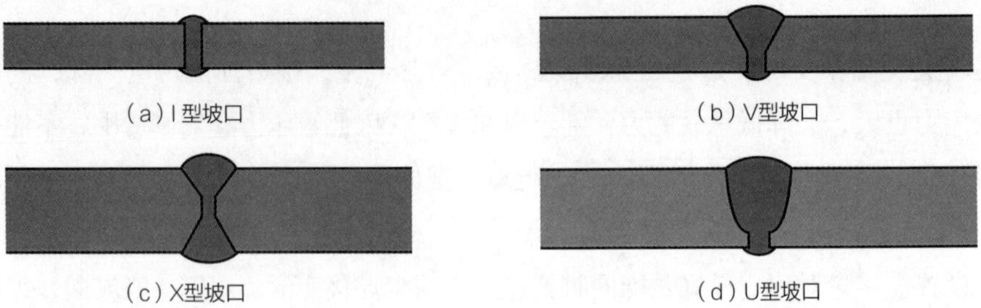

（a）I型坡口 （b）V型坡口

（c）X型坡口 （d）U型坡口

图6-14 对接坡口形式

角接基本坡口形式如图6-15所示。

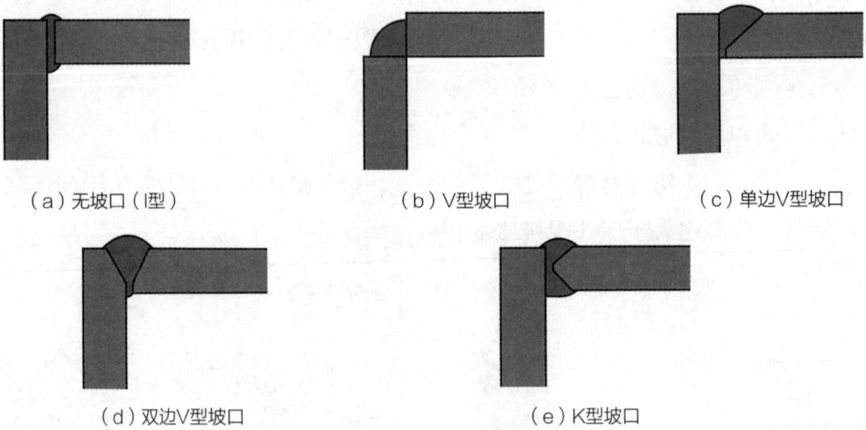

（a）无坡口（I型） （b）V型坡口 （c）单边V型坡口

（d）双边V型坡口 （e）K型坡口

图6-15 角接坡口形式

T型接基本坡口形式如图6-16所示。

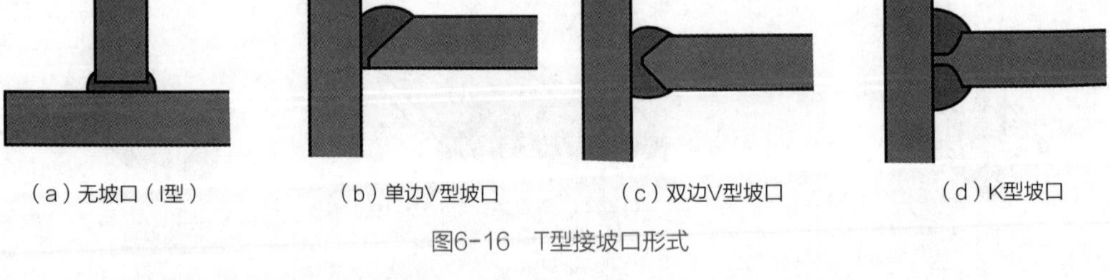

（a）无坡口（I型） （b）单边V型坡口 （c）双边V型坡口 （d）K型坡口

图6-16 T型接坡口形式

管材对接形式如图6-17所示。

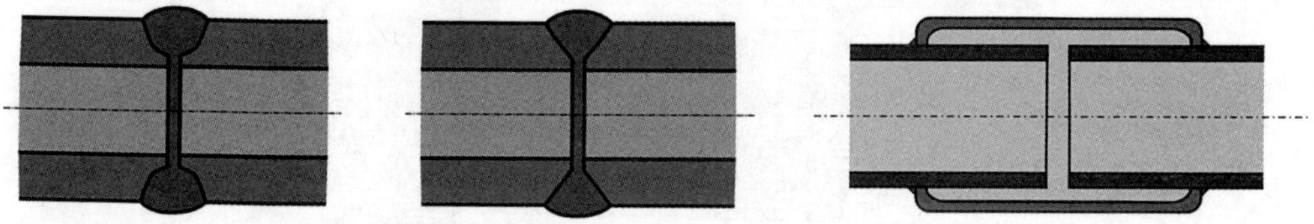

图6-17　管材对接形式

圆管T型接形式如图6-18所示。

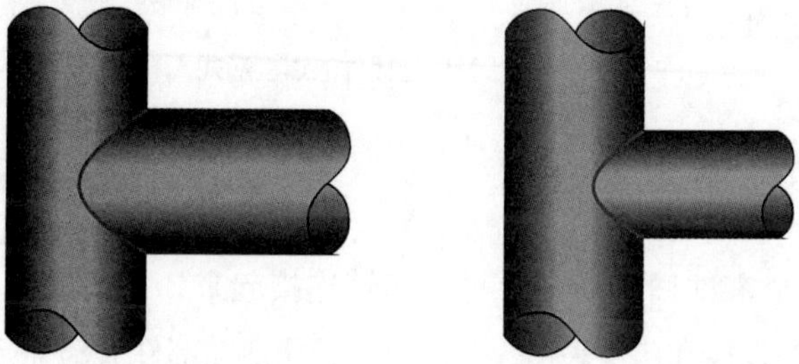

（a）等径管T型接　（b）不等径管T型接

图6-18　圆管T型接形式

矩形截面管材T型接形式如图6-19所示。

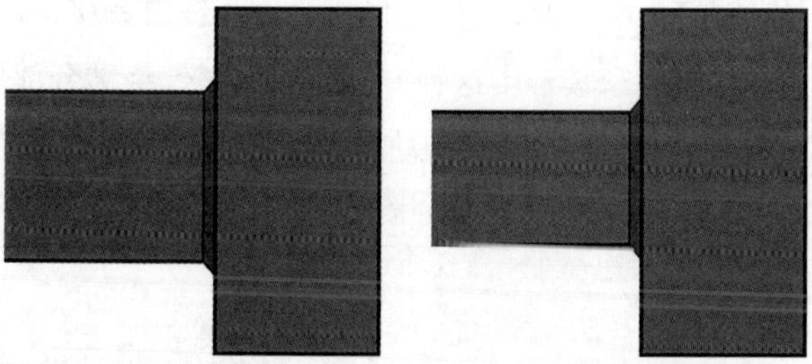

（a）等宽矩形管T型接　（b）不等宽矩形管T型接

图6-19　矩形截面管材T型接形式

管件与板件的焊接形式如图6-20所示。

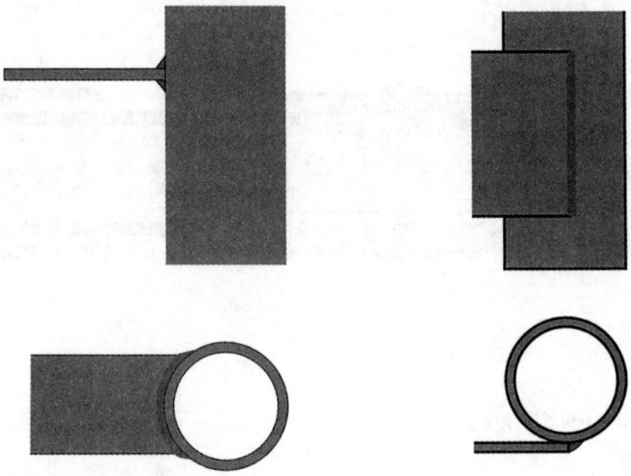

（a）平板与圆管T型接　　（b）平板与圆管的端接

图6-20　管件与板件的焊接形式

6.3.2 铆接

铆接是指在两个零件钻出通孔后再用铆钉连接起来，使之成为不可拆卸的结构形式。由于焊接技术的发展和广泛采用，金属家具的非活动部件大部分已被焊接所代替。

铆接具有较好的韧性和塑性，传力均匀可靠，且不会损伤原零件（如焊接热变形、镀涂层等），目前大多数铆钉用于金属折叠椅、凳、桌等的活动部件上，有些不宜焊接的固定式家具也可采用铆接（如铝合金零件等）。

铆接方法根据不同的分类方式，有热铆、冷铆和混合铆，以及手工铆和机械铆等多种形式。一般金属家具用铆钉直径大都小于8mm，故均采用冷铆，具体的连接方式则有活动铆接（图6–21）和固定铆接（图6–22）。活动铆接又称为铰链铆接，铆接后零件之间可以绕其结合部位相互转动，折叠家具常用这种方式，它靠零件绕结合部件转动来实现折叠；固定铆接后两个零件连为一体，不能相对运动或转动，铝合金零件、铸件以及金属零件与木质零件可用这种方式连接。

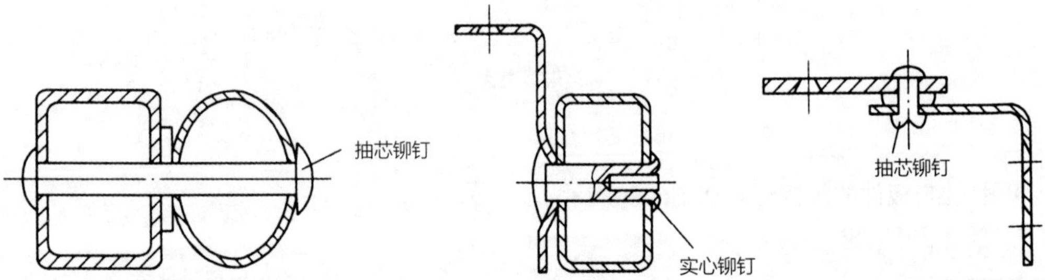

（a）钢管与钢管铆接　　（b）钢管与配件铆接　　（c）配件与配件铆接

图6-21　活动铆接结构

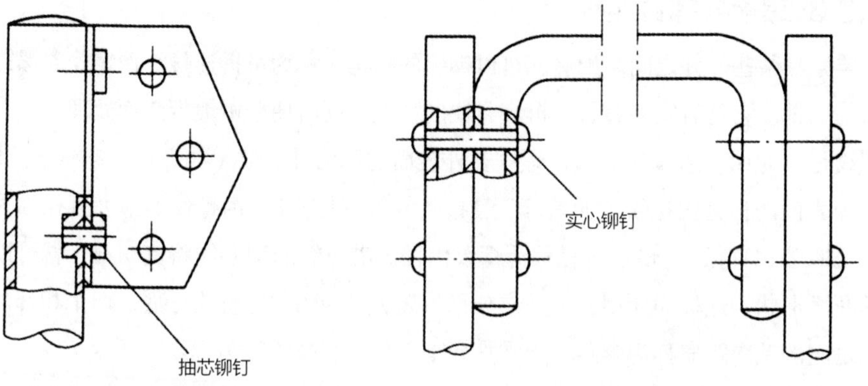

图6-22　固定铆接结构

铆钉是铆接结构中最基本的连接件，由圆柱杆、铆钉头和镦头组成。

根据铆接结构的形式、要求及其用途不同，铆钉的形式也有所不同，其种类也很多。在金属铆接结构中，常见的铆钉形式有半圆头铆钉、平锥头铆钉、沉头铆钉、半沉头铆钉、平头铆钉、扁圆头铆钉、空心铆钉和抽芯铆钉等，如图6-23所示。

铆钉系标准件，按国家标准规定，可根据需要进行选用。铆钉直径、长度及被连接件钻孔直径则需根据相关要求合理选择。

铆钉直径需根据被连接件的大小、受力程度、连接部位的强度及刚度要求来选择。一般铆接板形零件，铆钉直径为板厚的1.8倍；铆接管件时，应根据管径、管壁厚及强度和刚度要求来选择。

铆钉长度除考虑铆接零件的厚度外，还应留有足够的伸出长度作为铆头所需长度。不同形式铆钉其铆头伸出长度不同。

如采用手工铆接可留短一些，机械铆接或电镀零件则应适当留长一些。国家标准已规定了相应直径铆钉的标准长度，如选用标准铆钉，长度无法满足要求时，可用一些非标铆钉或选用更长一级的铆钉截去一段使用。

被连接件通孔大小应根据铆钉直径、零件表面装饰方式及连接要求来选择。

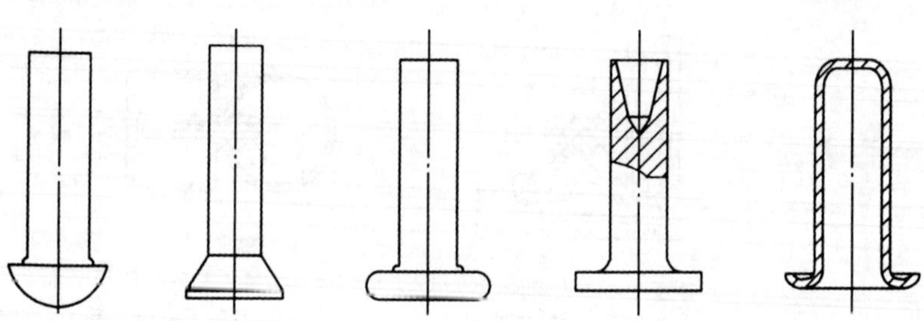

图6-23　各类铆钉

6.3.3 螺栓与螺钉连接

金属家具某些部件之间装配后又可以拆装的结构，称为可拆连接。而螺栓或螺钉是可拆连接的一种。它具有安装容易、拆卸方便的特点，同时便于电镀等表面处理。

螺纹是由专用车床车制而成，螺纹在外表面的称为外螺纹（如螺钉、螺栓、丝杆），螺纹在内表面的称为内螺纹（如螺母、管接头等）。外螺纹或内螺纹的最大直径称为螺纹外径（又叫公称直径），最小直径称为螺纹内径。沿螺纹的轴心线将其切开，就可以看到螺纹的断面形状，这称为牙型，最外部分称为牙尖，最内部分称为牙底。两个相邻的牙尖或牙底之间的轴向距离称为螺距。通常把牙型、外径、螺距称为螺纹三要素。

螺纹有标准螺纹、特殊螺纹、非标准螺纹三种。标准螺纹的牙型、外径、螺距都符合标准。特殊螺纹是牙型符合标准，但外径或螺距有一种不符合标准。凡是牙型不符合标准的称为非标准螺纹。

家具上所用的螺纹基本上采用的是标准螺纹，标准螺纹有普通螺纹、管螺纹、梯形螺纹等。这些螺纹只要知道它的外径和标准代号，就可以从有关标准中查出全部尺寸。

螺纹连接是一类可拆的连接，它具有结构简单、连接件来源广、拆装方便等优点。螺栓、螺钉、螺母均为标准件，可外购，既可用于活动连接，也可用于固定连接。金属家具中的螺纹连接有普通连接和特殊连接两类。普通连接是指采用普通牙型的螺纹连接件（螺栓、螺钉、螺母）实现两零件间的连接，其螺纹直径一般在8mm以下；特殊连接是指采用特殊牙型螺纹连接件（如梯形螺纹等）进行零件间的连接，实现零件间的相对运动，如转椅的转动装置就属于此类。在不影响家具使用功能及造型的情况下，应直接选用标准的螺纹连接件（螺栓、螺钉、螺母），对不宜采用标准螺纹连接件的场合，可用一些非标准件或将标准件改制后使用。

根据连接件不同，螺纹连接有螺钉连接和螺栓连接等形式，如图6-24所示。螺钉连

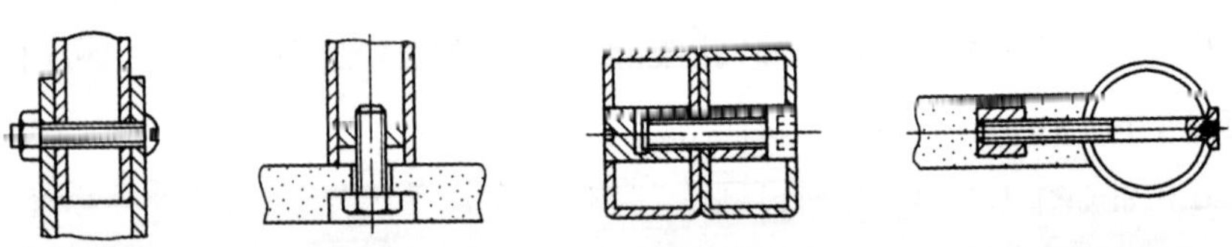

（a）半圆头螺钉、螺母连接　（b）螺栓、螺母片连接　（c）圆柱头内六角螺钉、螺母芯连接　（d）平头内六角螺钉、圆柱螺母连接

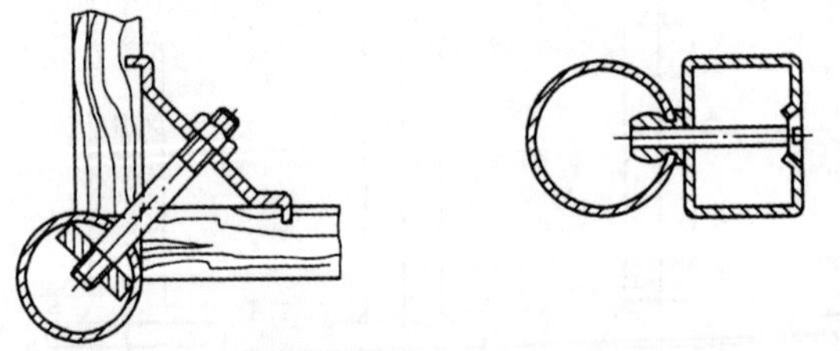

（e）双头螺柱、螺母片连接　（f）沉头螺钉、铆螺母连接

图6-24　螺钉、螺栓连接

接中又有机制螺钉连接、自攻螺钉连接、木螺钉连接。一般钢制件大都用机制螺钉，铝合金件常用自攻螺钉（图6-25），而木螺钉则用于金属件与木质零件的连接。薄壁钢管或薄钢板构件间采用机制螺钉连接，最好不要直接在构件上攻螺纹，而是使用螺母，如实在需要，应冲孔后再攻螺纹。

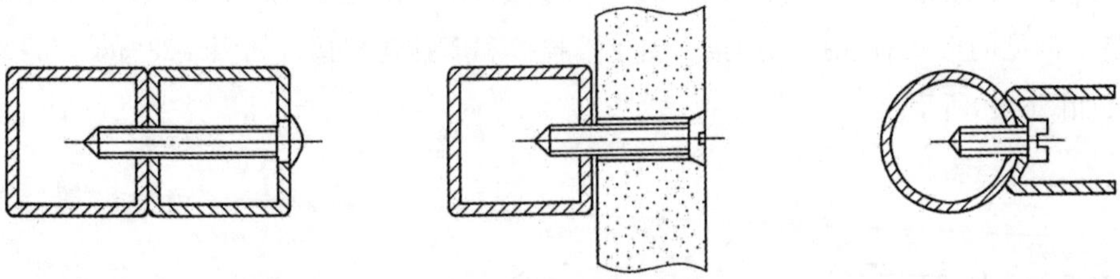

（a）半沉头自攻螺钉连接　（b）沉头自攻螺钉连接　（c）平头自攻螺钉连接

图6-25　自攻螺钉连接

6.3.4 插接

插接（图6-26）主要用于插接式家具两个零件之间的滑配合或紧配合，圆管插接结构如图6-27所示。销也是一种通用的连接件，主要应用于不受力或受较小力的零件，起定

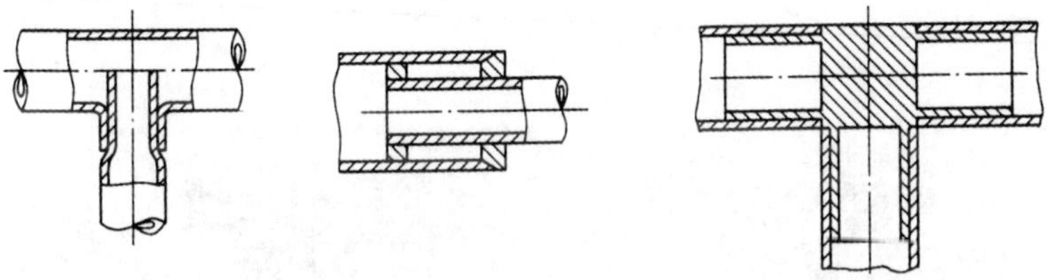

（a）缩口插接　（b）滑动插接　（c）三通插接

图6-26　插接方式

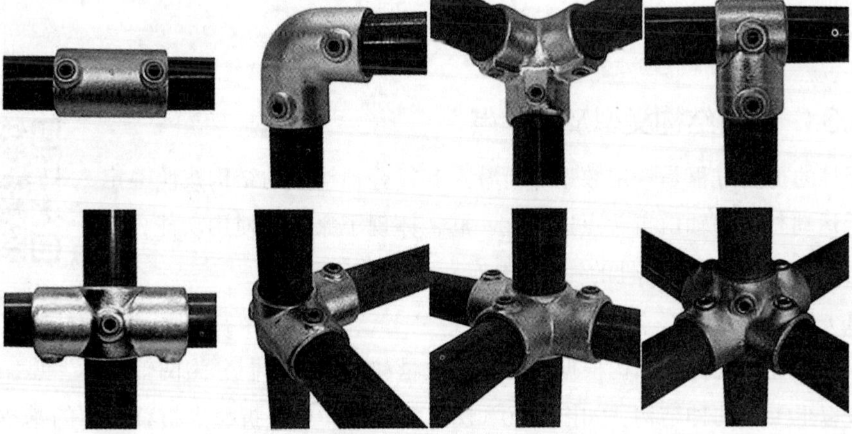

图6-27　圆管插接结构

位和帮助连接作用。销的直径可根据使用的部位、材料适当确定。起定位作用的销一般不少于两个；起连接作用的销的数量以保证产品的稳定性来确定。

6.3.5 挂接

挂接主要利用金属挂接钩将金属家具或家具零部件悬挂组合的一种方式，其特点是便于拆装。常见的形式有双挂钩挂接、斜支撑挂接和床挂钩挂接，如图6-28所示。斜支撑挂接桌如图6-29所示。

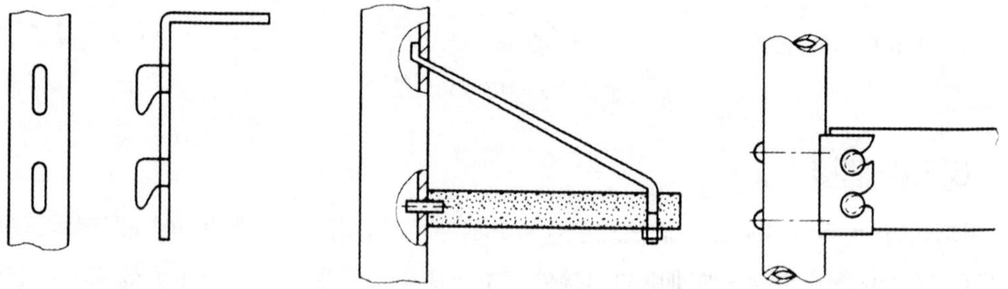

（a）双挂钩挂接　（b）斜支撑挂接　（c）床挂钩挂接

图6-28 挂接方式

图6-29 斜支撑挂接桌

6.3.6 折叠结构类型及折叠点

家具的折叠过程是一定数量的折叠点和折叠轴构成的结构按照一定的规定运动。折叠轴由折叠点连接在一起，体现了家具的使用功能，折叠点是实现折叠家具可变性的辅助结构。

折叠结构

（1）单一折叠点

单一折叠点的折叠结构根据折叠轴的数量和形式的不同分为两轴、“X”型结构、三轴（或以上）等几种结构，如图6-30和图6-31所示。单一折叠点折叠结构的基本方式是长短两轴（或同轴长两轴）沿一折叠点，同圆心方向折叠。一般来讲，此结构其中一个折

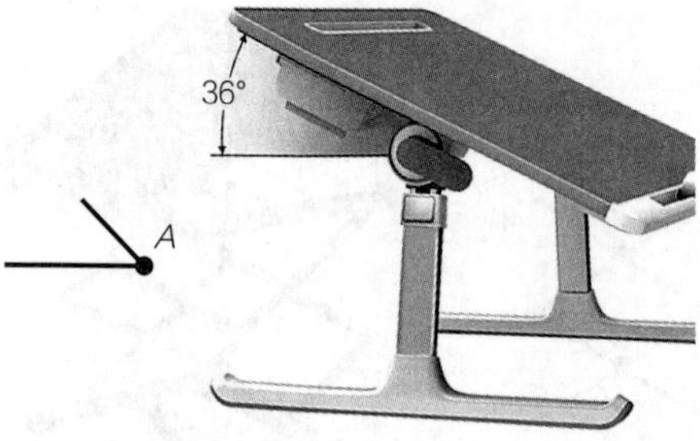

图6-30　单一折叠点（两轴）

图6-31 单一折叠点（“X”型）

叠轴为固定结构，另一个折叠轴为活动轴，比如金属合页结构。

长短两轴（或同轴长两轴）沿一折叠点同圆心方向折叠的方式，是金属家具实现可变性的基本方式，如果延长两条折叠轴使之成为“X”型结构，这就成为最老的折叠家具的折叠结构。

当三条或以上折叠轴的一端连接同一折叠点时，折叠轴以折叠点为圆心旋转折叠，如图6–32所示。这一结构的运动方式更倾向于旋转，而不是折叠。

（2）多旋转轴、多折叠点

两折叠轴沿单一折叠点折叠的方式不能满足实际需要，如图6–33所示，台面在完全展开的时候同长宽，但由于采用不同的折叠方式，产生了不同的长度。台面有两个折叠点时，可以折叠更多长度，如图6–33所示。

二个折叠点折叠结构（图6–34）是上一种的延伸方式，如折叠纸扇子。这种折叠方式结构简单，加工精度要求不高，而且每一段折叠轴都可以因需要设计成不同的长度。

四个折叠点折叠结构（图6–35）利用了几何学上的平行四边形相邻两夹角之和相等的原理，所围合而成的平行四边形就能沿同一水平方向伸缩。

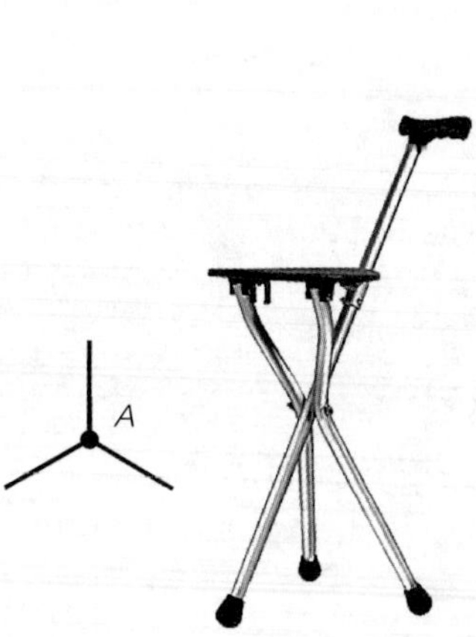

图6-32　单一折叠点（三轴）

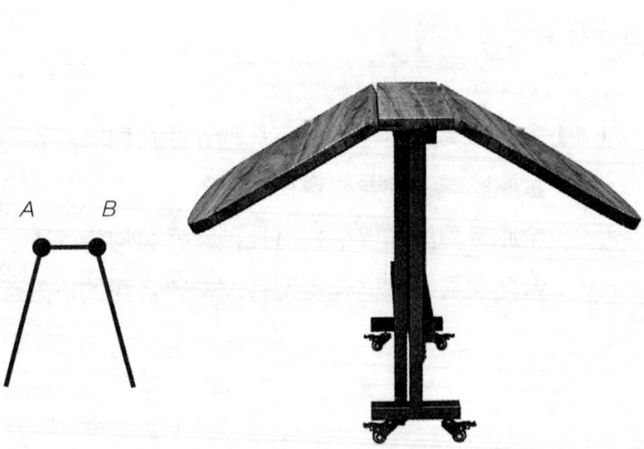

图6-33　两个折叠点

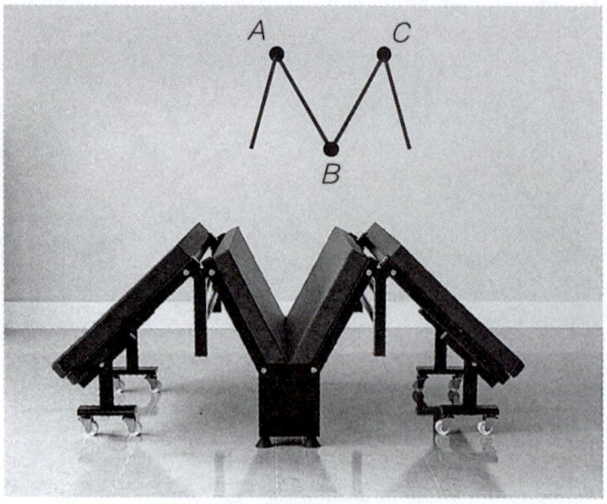

图6-34 三个折叠点

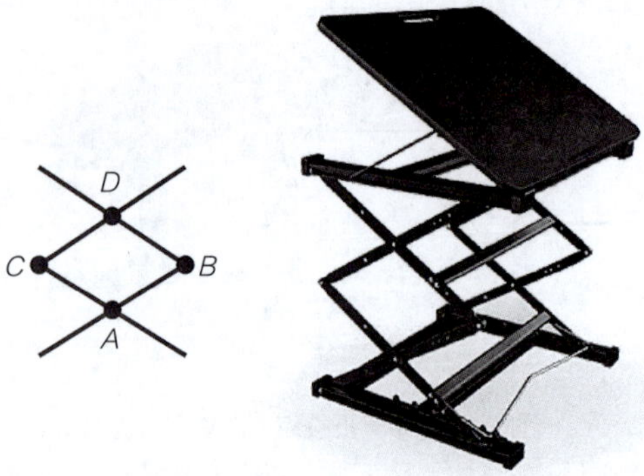

图6-35 四个折叠点（平行四边形）

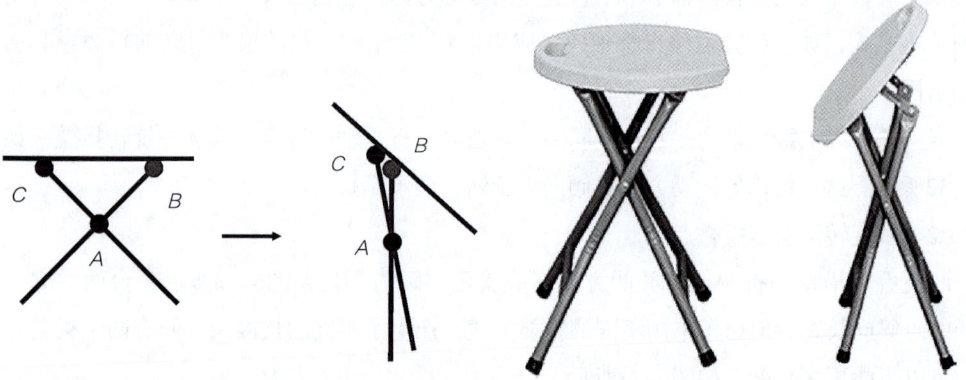

图6-36 三个折叠点（*B*为滑动点）

还有一种折叠结构为折叠轴之间的交点并非固定的折叠点，而是起到辅助作用的滑动点，如图6-36所示。图中的*B*点为滑动点，在折叠过程中同样起到重要作用。

课后思考与练习

（1）金属家具的结构类型有几种？各有何特点？

（2）金属家具的主要材料有哪些？

（3）金属家具的连接形式有几种？各有何特点？

（4）金属家具折叠结构类型有哪些？各自的折叠点是什么？

第7章 家具结构图制图规范与图样表达

>>>学习目标

> 熟悉、了解家具结构图制图中图纸幅面、图框与标题栏，以及图线、字体、绘图比例、尺寸标注的制图规范。

> 熟悉、掌握家具视图、剖视图、剖面符号、局部详图的画法以及榫接合和连接件接合的表达方法。

> 熟悉、掌握家具设计图、零件图、部件图、装配图以及大样图的绘制。

在家具结构图制图过程中要遵循一定的图样表达规则，这就是制图规范。设计师等相关人员通过对规范的学习与掌握，在产品设计表达和产品制作过程中对图纸有统一的认识和理解，从而保证生产实施的顺利完成。严格按照制图标准绘制的图纸，具有严谨、规范、清晰、准确的特点，设计师必须高度重视图纸语言的规范性运用。本章主要介绍QB/T 1338—2012《家具制图》标准中有关家具结构图制图的规范和常用图样表达。

7.1 家具结构图制图规范

7.1.1 图纸幅面、图框与标题栏

图纸幅面指图纸本身的大小规格，根据标准，图纸应优先采用表7-1所规定的基本幅面，必要时，按基本幅面的短边（B）整数倍加长幅面。

表7-1 基本幅面类别和图框尺寸

幅面代号	幅面尺寸	图框与幅面线间距尺寸		
	$B \times L$	a	c	e
A0	841×1189	25	10	20
A1	594×841			
A2	420×594			10
A3	297×420		5	
A4	210×297			

图框是图纸上供绘图的范围边线。图框有横式和立式两种，有装订边（图7-1）和无装订边（图7-2）两种形式。必须用粗实线画出图框线，图框线与图纸边的距离见表7-1，

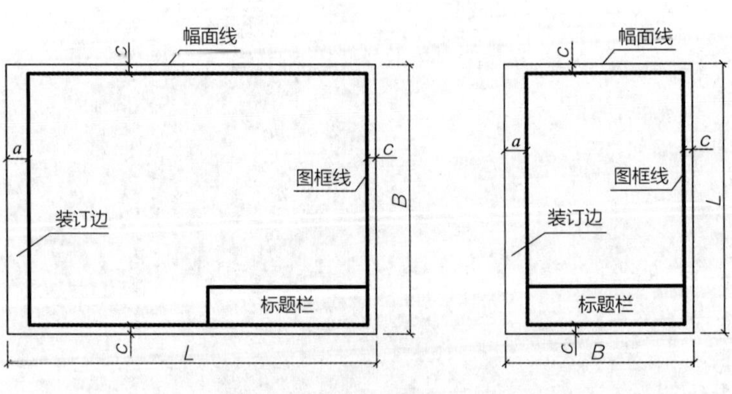

图7-1 有装订边的图框格式

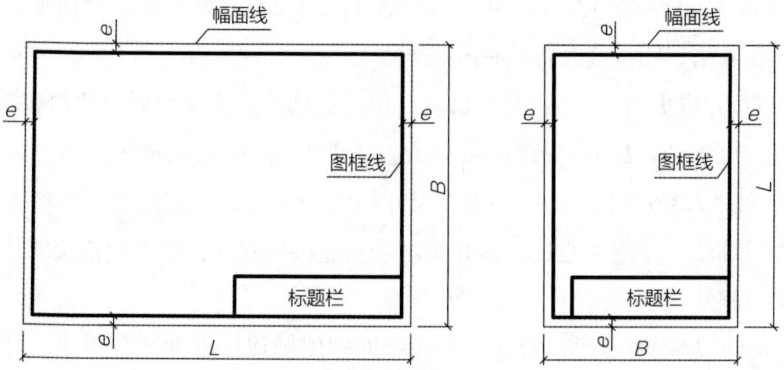

图7-2　无装订边的图框格式

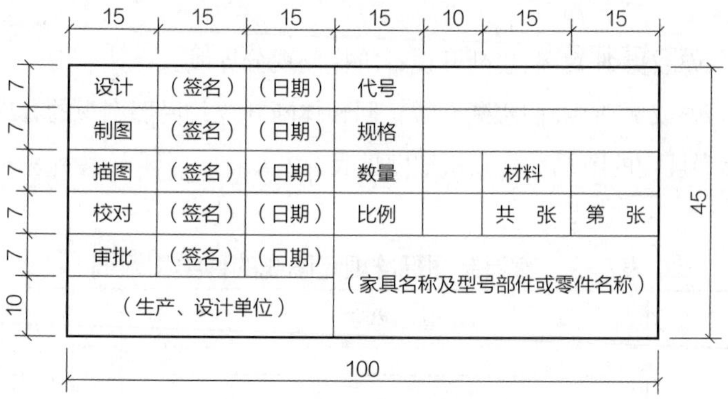

图7-3　零部件图标题栏

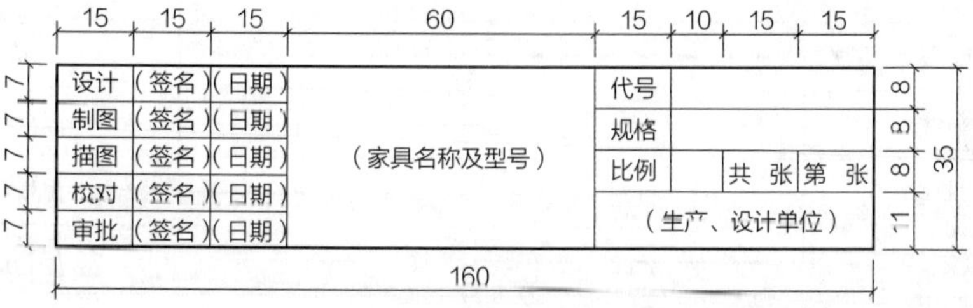

图7-4　结构装配图标题栏

同种产品的图框只能采用一种格式。

标题栏是查阅图纸和明确技术责任的重要依据，每张图纸上都必须有标题栏。如图7-3和图7-4所示为标准推荐的家具制图简化标题栏参考格式。

7.1.2 图线

图线在家具设计制图中的应用如下：

① 实线（宽b）：基本视图中可见轮廓线；局部详图索引标志。

② 粗实线（$1.5b \sim 2b$）：剖切符号；局部详图可见轮廓线；局部详图标志；局部详图中连接件简化画法；图框线及标题栏外框线。

③ 虚线（$b/3$或更细）：不可见轮廓线，包括玻璃等透明材料后面的轮廓线。

④ 粗虚线（$1.5b \sim 2b$）：局部详图中，连接件外螺纹的简化画法。

⑤ 细实线（$b/3$或更细）：尺寸线及尺寸界限；引出线；剖面线；各种人造板、成型空心板的内轮廓线；小圆中心线，简化画法表示连接位置线；圆滑过渡交线；重合剖面轮廓线；表格分格线。

⑥ 点划线（$b/3$或更细）：对称中心线；回转体轴线；半剖视分界线；可动零部件的外轨迹线。

⑦ 双点划线（$b/3$或更细）：假想轮廓线；表示可动部分在极限或中间位置时的轮廓线。

⑧ 双折线（$b/3$或更细）：假想断开线；阶梯剖视分界线。

⑨ 波浪线（$b/3$或更细）：假想断开线；回转体断开线；局部剖视的分界线。

家具制图标准规定的图线种类和粗细度见表7–2。

表7–2 家具制图标准规定图线的种类和粗细

图线名称	图线型式	图线宽度
实线		b（0.25 ~ 1mm）
粗实线		$1.5b \sim 2b$
虚线		$b/3$或更细
粗虚线		$1.5b \sim 2b$
细实线		$b/3$或更细
点划线		$b/3$或更细
双点划线		$b/3$或更细
双折线		$b/3$或更细
波浪线		$b/3$或更细（徒手绘制）

7.1.3 字体

家具制图中大量使用汉字、数字、拉丁字母和一些符号，它们是图纸的重要组成部分，标准给予了严格的要求，如：汉字采用简化字的长仿宋体，高度不小于3.5mm；拉丁字母写成斜体和直体，斜体字字头向右倾斜，与水平基准线呈75°；在同一图样上，只允许用一种形式的字体，如图7–5所示。

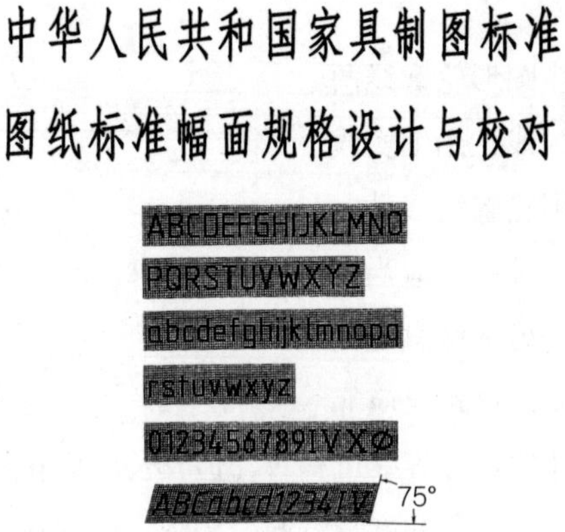

图7-5　字体示例

7.1.4 绘图比例

比例即图样中图形与其所表达的实物相应要素的线性尺寸之比。标准对家具图样的制图比例和标注方法做了规定，用“：”表示比例符号。家具制图中常用的标准比例系数见表7–3，绘图时优先选用“常用比例”，必要时用可选比例。

在图样中，无论图形大小，标注尺寸均按实际大小标出。在同一张图纸上，各个基本视图应取同一比例，在标题栏比例中写明。图中其他视图采取不同比例时要单独在该视图图名中注明，局部详图则要单独标注比例。对于家具中的一些异形构件，则需要用1：1（原值比例）在另一张图纸中单独画出。

表7–3　绘图比例

种类	常用比例	可选比例
原值比例	1：1	
放大比例	2：1　4：1　5：1	1.5：1　2.5：1
缩小比例	1：2　1：5　1：10	1：3　1：4　1：6　1：8　1：15　1：20

7.1.5 尺寸标注

图形一般都要标注尺寸，这关系到加工方法和产品的质量。在此以家具标准为例，介绍图样尺寸标注的一些基本方法。

（1）尺寸单位

家具制图标准中规定图样上尺寸标注一律以毫米（mm）为单位。

（2）尺寸标注的组成要素

线性尺寸标注一般由尺寸线、尺寸界线、尺寸起止符号及尺寸数字等要素组成，如

图7-6所示。

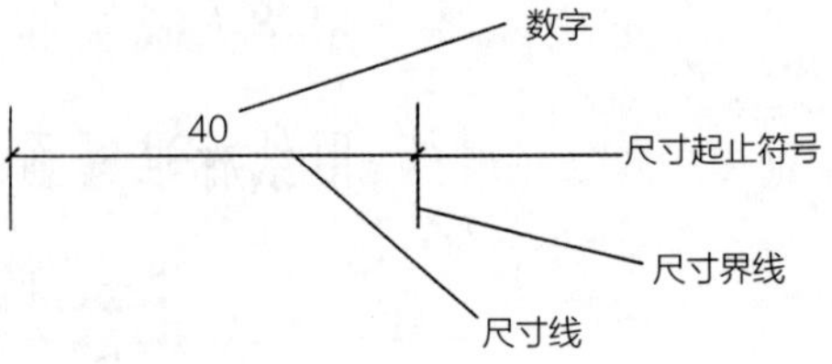

图7-6 尺寸标注组成

尺寸界线一般从被标注图形轮廓线两端引出，并垂直所标注轮廓线，用细实线画出。尺寸界线有时也可用轮廓线代替。尺寸界线应用细实线绘制，其一端应当离开图样轮廓线不小于2mm，另一端宜超出尺寸线2～3mm。总尺寸的尺寸界线应靠近所指部位，中间的分尺寸的尺寸界线可稍短，但其长度应相等。

尺寸线一般平行于所注写对象的度量方向，用细实线画在尺寸界线之间，并与尺寸界线垂直相交为止。互相平行的尺寸线应从被注的图样轮廓线由近向远整齐排列，小尺寸应离轮廓线较近，大尺寸应离轮廓线较远。

尺寸起止符号一般在尺寸线与尺寸界线的相交处，为2～3mm的细实线，其倾斜方向与尺寸线顺时针呈45°。家具制图标准中起止符号也可以用小圆点表示。注意，同一张图样上应采用一种起止符号。对于直径、半径及角度在反映圆弧形状的视图上，其尺寸起止符号则改用箭头表示。

尺寸数字一律用阿拉伯数字注写，用于标示形体实际大小，与图形比例无关。尺寸数字一般标注于尺寸线中部的上方，也可将尺寸线断开，中间注写尺寸数字。当尺寸线处于不同方向时，尺寸数字的注写方法如图7-7所示。

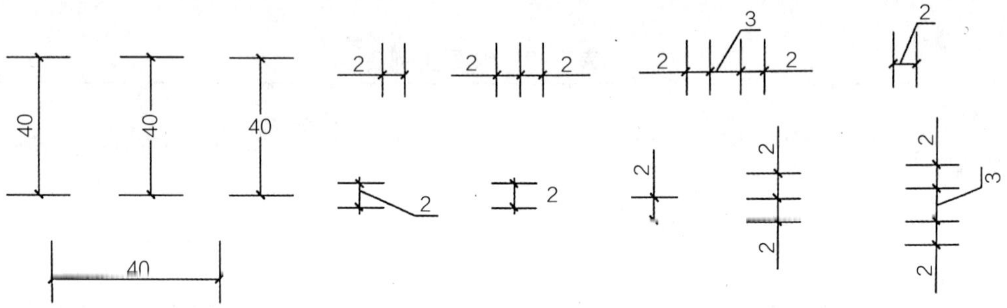
图7-7 尺寸数字注写方法

（3）半径、直径的尺寸标注

半径的尺寸线应当一端从圆心开始，另一端画箭头指向圆弧，半径数字前应加注半径符号“*R*”；标注直径尺寸时，直径数字前应加直径符号“ϕ”，在圆内标注的直径尺寸线应通过圆心，两端画箭头指向圆弧。半径、直径的尺寸标注方法如图7-8所示。

（4）角度的标注

标注角度时，尺寸线是圆弧线，尺寸数字一律水平书写，小角度可以引出写。起止符

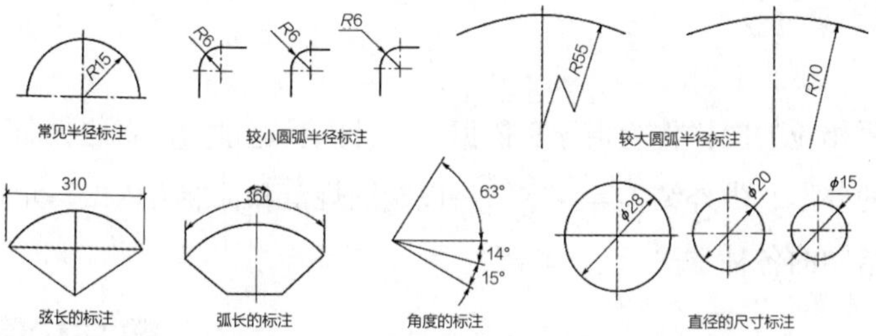

图7-8　半径、直径的尺寸标注方法

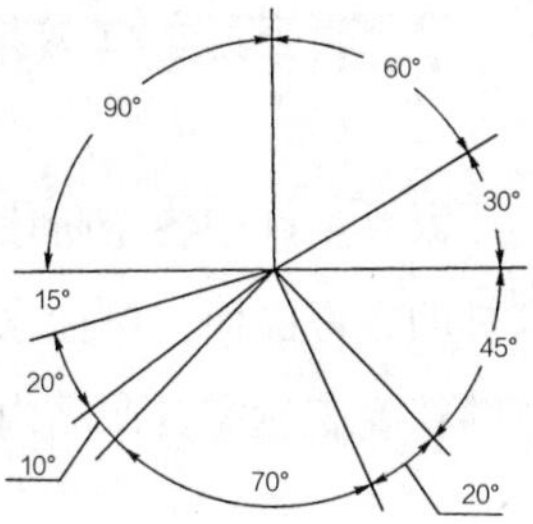

图7-9　角度尺寸标注方法

号用箭头表示，如果没有足够位置画箭头，可用圆点代替，如图7–9所示。

（5）零件断面的尺寸标注方法

零件断面尺寸可用一次引出方法标注，即在端面上引出线接一水平线，水平线上写宽×高或高×宽，如图7–10所示。

（6）材料及规格的标注方法

表示多层材料及规格，可用一次引出分格标注，文字说明的次序应与层次一致，如图7–11所示。

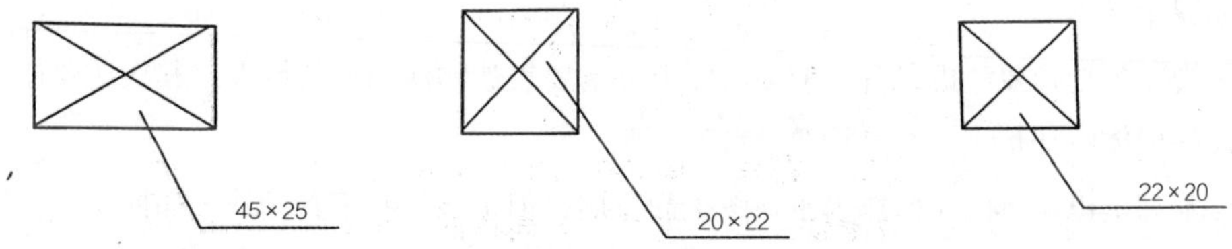

图7–10　零件断面的尺寸标注方法

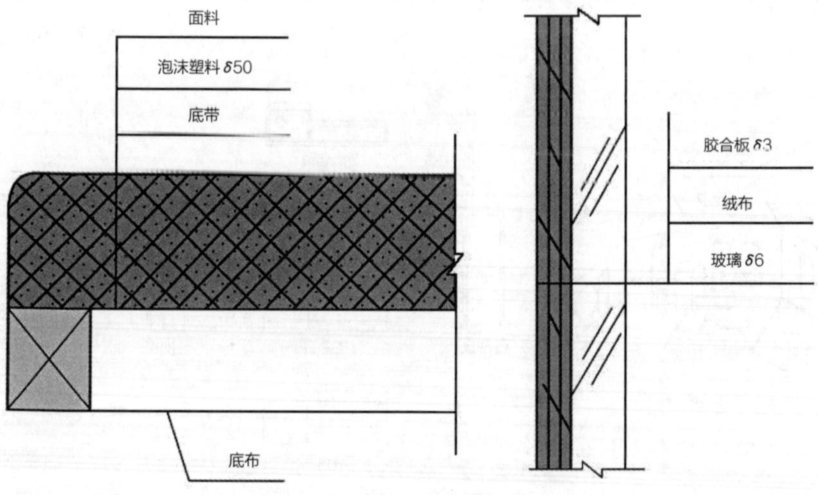

图7–11　材料及规格的标注方法

7.2 家具结构图样表达

家具生产中各个阶段需要相应的图样作为指导和依据。设计人员通过图样表达所设计家具的方方面面，例如家具的外形、内外结构等。本节将以制图规范和标准为依据，介绍能够精确表达家具产品内外结构的各种方法。

7.2.1 视图

视图

用正投影法绘制出的图形为视图。视图一般用来表达家具零部件的外部结构形态。分为基本视图、斜视图和局部视图。

（1）基本视图

国家标准规定，用正六面体的六个平面作为基本投影面，从物体的前、后、左、右、上、下6个方向向六个基本投影面投射，得到的6个视图称为基本视图。各投影面的展开方法如图7–12所示。

6个基本视图之间仍然应遵循长对正、高平齐、宽相等的投影规律。在同一张图纸内，各视图一律不注释视图名称。但若确因特殊需要不能按图7–12所示视图位置配置时，主、俯、左三个基本视图一般不动，其他视图视需要安排在适当位置，且要在图形上方写明视图名称。

主视图的选择要考虑最有效的使看图者弄清要表达物体的形状特点，其次还要便于加工；反映形体特征是主视图最重要的选择原则。

一般都是以家具的正面作为主视图投影方向，但也有一些家具例外，如椅子、沙发等最为典型，常把侧面作为主视图投影方向。因为侧面反映了椅子、沙发的主要结构内容，尤其涉及功能的一些角度、曲线，是其他方向不能代替的，因此应把侧面作为主视图方向，再配以其他视图，以全面、完整地表达各部分结构及形状，如图7–13所示。

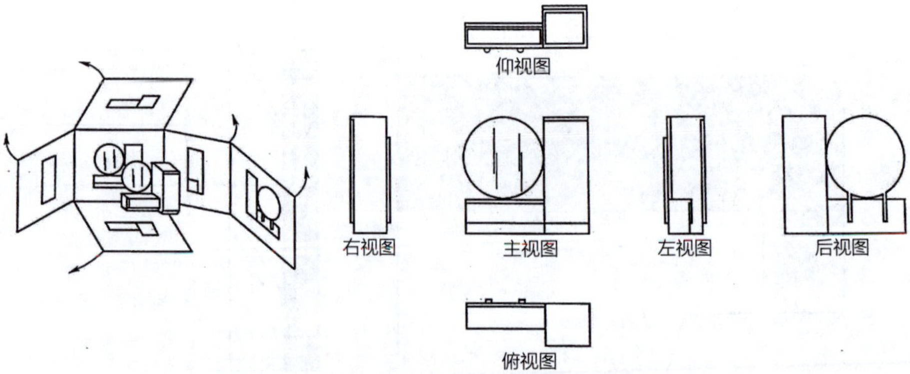

图7–12 基本视图

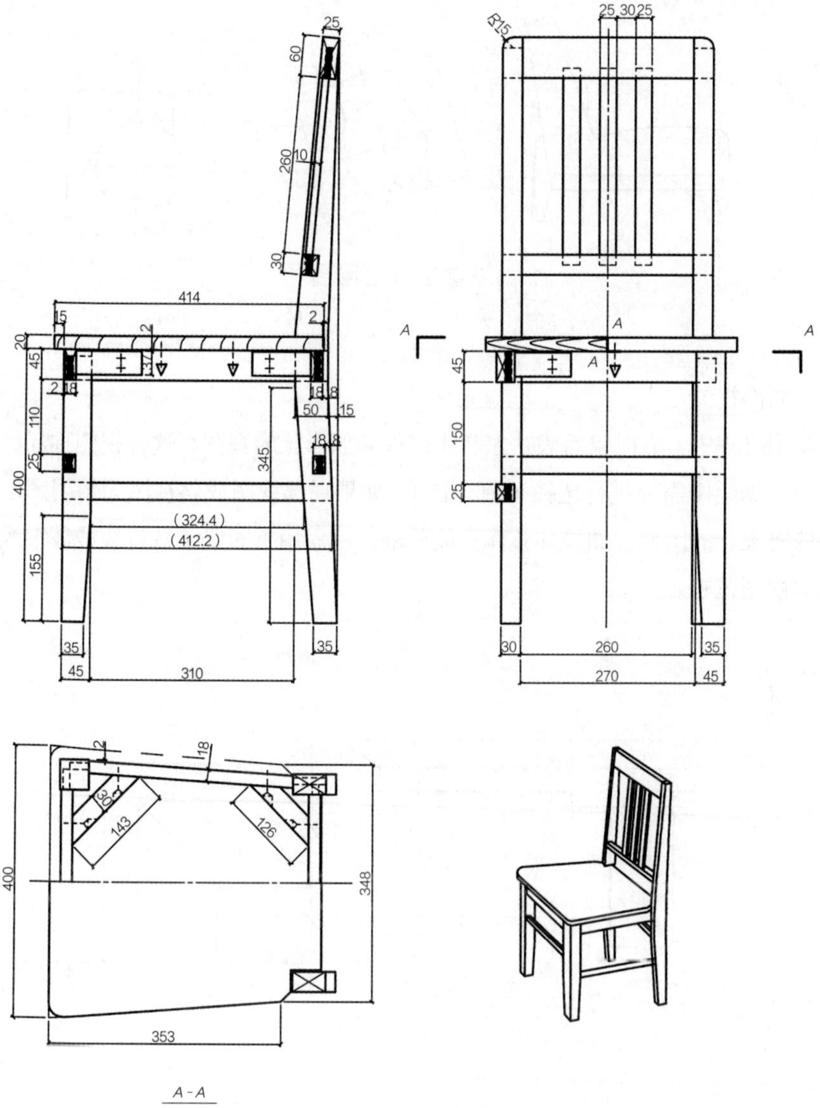

图7-13　椅子视图示例

表达一件家具或家具某一部件、结构时，视图数量的确定取决于家具本身的复杂程度。原则上需要尽可能全面、精确地表达形体和结构特征，还要便于制图和识图，避免重复表述。

（2）斜视图

将零件向不平行于任何基本投影面的平面投射所得的视图称为斜视图。一般只表达该零件倾斜部分的实形，其余部分不必全部画出，其断裂边界用波浪线表示。

斜视图一般在向视图的上方有所标注，在相应的视图附近用箭头指明投射方向，并注上相同的字母，或者旋转该视图，但要标明旋转方向，如图7-14所示。

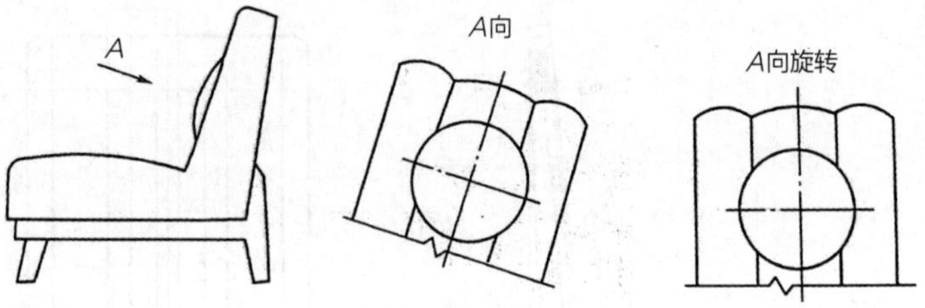

图7-14　斜视图

（3）局部视图

在制图过程中，有时仅需表达家具零部件局部形状的视图，这种视图称局部视图。其投射方向根据绘图需要进行选择（图7–15）。如果局部视图或斜视图为封闭图形，可只画出封闭的要表达的图形；如果和整体不能分割，就需用折断线（双折线或波浪线）画出表达的局部视图范围。

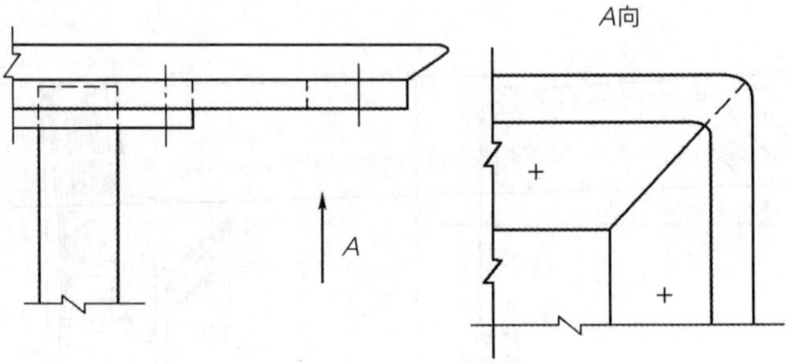

图7-15　局部视图

7.2.2 剖视图

为了表达家具内部结构，显示装配关系，就要采用剖视的画法来表达。家具装配图，尤其是结构装配图，图形表达方法基本上都采用剖视画法。

剖视图

假想用一平面将所要表达的物体剖开，然后将挡在前面的部分移去，将其余部分向投影面进行投影，所得的图形称为剖视图。在剖视图中，剖切到的断面部分称为剖面，剖切面剖到的实体部分应画上剖面符号，以表示剖到与剖不到的后面部分的区别，同时也说明材料的类别。

为适应不同结构需要，剖视在家具制图中有全剖视、半剖视、局部剖视、阶梯剖视和旋转剖视等。

（1）全剖视图

用一个剖切面完全地剖开家具后所得的剖视图称为全剖视图。剖切面一般是正平面、水平面和侧平面。如图7–16所示为一个框架的剖视图，俯视图为*A–A*全剖视图，由水平剖切平面*AA*剖切而得；左视图是用*BB*侧平面剖切面剖切而得的*B–B*全剖视图。图中剖到的部分是木材方料的横断面，用一对细实线对角线表示。

剖视图的标示方法是用两段粗实线表示剖切符号（长6 ~ 8mm），标明剖切面位置，剖切符号尽量不与轮廓线相交。当剖视图不是画在相应的基本视图位置时，还要在剖切符号两端作一垂直短粗实线以示投影方向。剖切符号两端和相应的剖视图图名用相同的字母标注。当剖切平面的位置处于对称平面或清楚明确不致引起误解时，允许省略剖切符号。

（2）半剖视图

当家具或其零部件对称（或基本对称）时，在垂直于对称平面的投影面上的投影，可以中心线为分界线，一半画成剖视，另一半画外形视图，这样的视图称为半剖视图，如图7–17所示。半剖视的标注方法同全剖视。剖切符号与全剖视一样，横贯图形，以表示

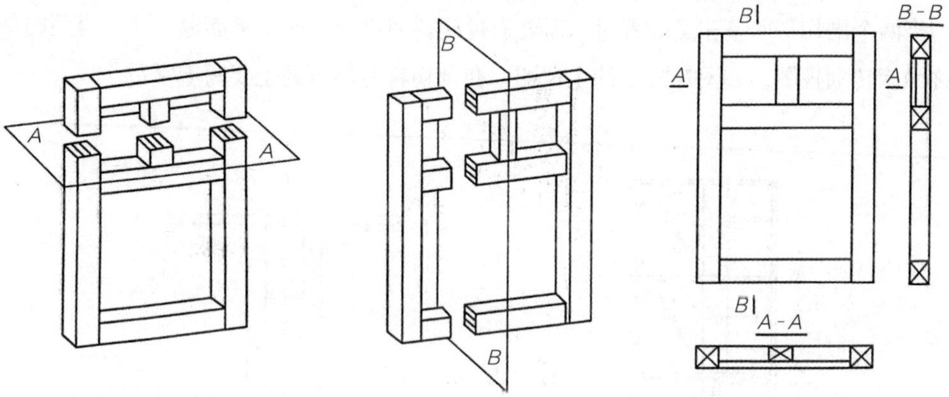

图7–16　框架的全剖视图

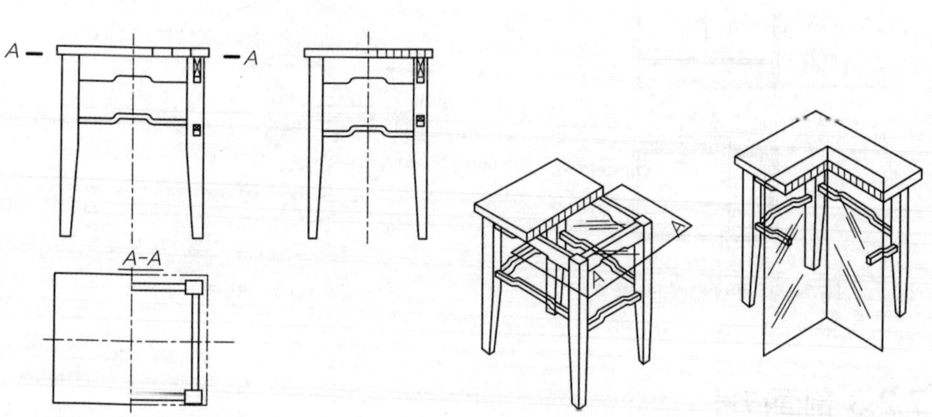

图7–17　半剖视图

剖切面位置。标注的省略条件同全剖视。剖切面位置的选择要注意，一般切在对称面或靠近中部，不要贴近两个不同形状结构交界处。当被切掉的部分形体的形状仍需要表示时，可用假想轮廓双点划线画出，如图7-17中的俯视图。

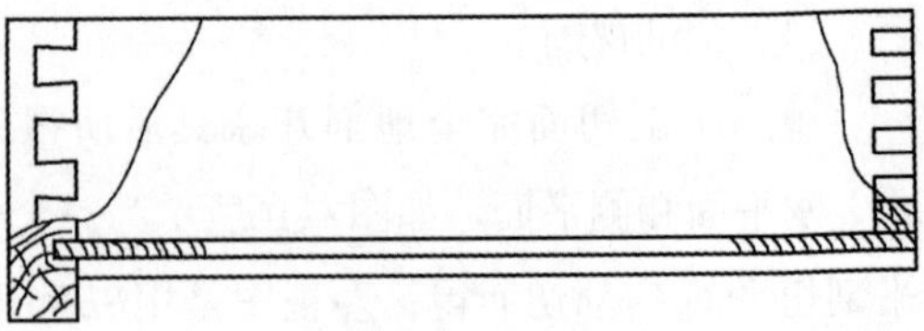

图7-18 局部剖视图

（3）局部剖视图

用剖切平面局部地剖开家具或其零部件所得的剖视图就是局部剖视图，局部剖视用波浪线与未剖部分分界。如图7-18所示是抽屉的一个视图，用局部剖视既保留了外形，又反映了每块板之间的榫接合形式。局部剖视一般不加标注。

（4）阶梯剖视图

由两个或两个以上互相平行的剖切平面，剖开家具或其零部件所得到的剖视图是阶梯剖视图，如图7-19所示。

（5）旋转剖视图

当两个剖切平面呈相交位置时，需要通过旋转使之处于同一平面内，这样得到的剖视图称为旋转剖视图，如图7-20中的主视图。在剖切符号转折处也要写上字母。

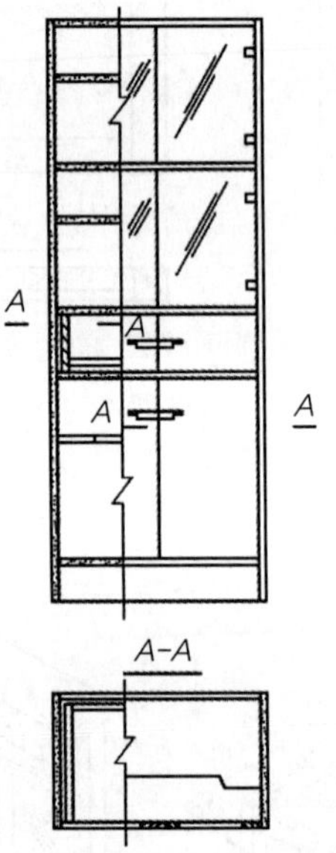

图7-19 阶梯剖视图（俯视图）

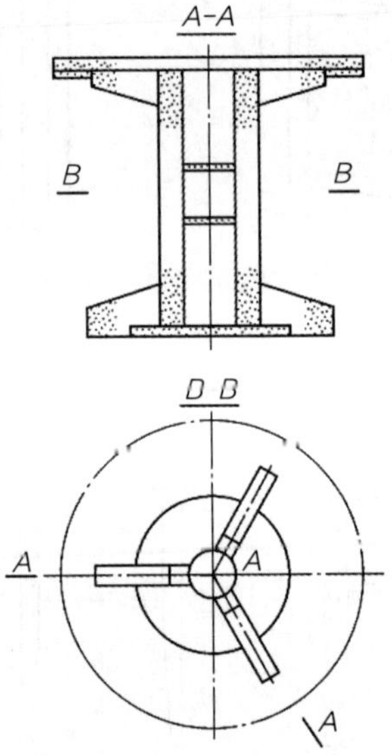

图7-20 旋转剖视图

7.2.3 剖面符号

当家具或其零部件画成剖视图或剖面图时，假想被切到的部分一般要画出剖面符号，以表示剖面的形状范围以及零件的材料类别。《家具制图》标准规定了各种材料的剖面符号画法（表7-4）。剖面符号所用线型基本上是细实线。

表7-4　剖面符号表

材料			剖面符号	材料	剖面符号
木材	横剖（断面）	方材	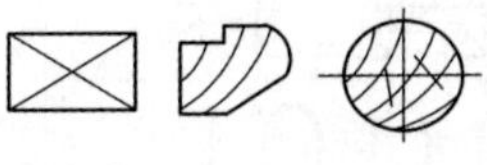	纤维板	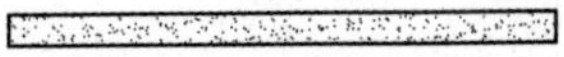
		板材	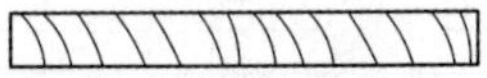	薄木（薄皮）	
	纵剖		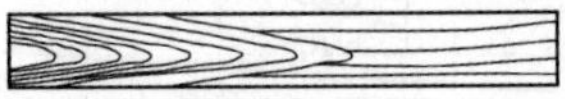	金属	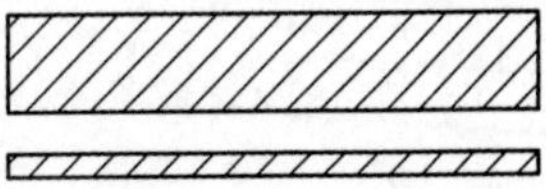
胶合板（不分层数）			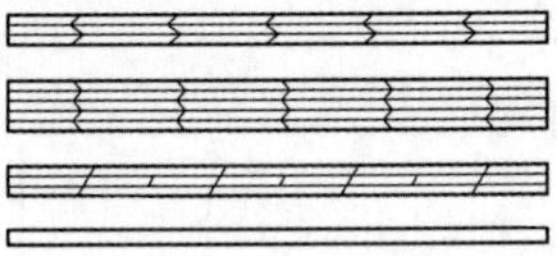	塑料、有机玻璃、橡胶	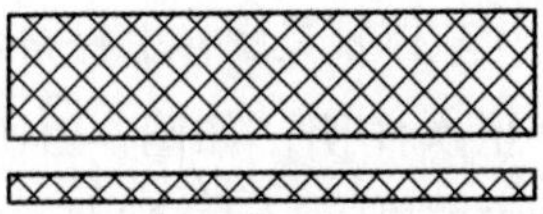
覆面刨花板			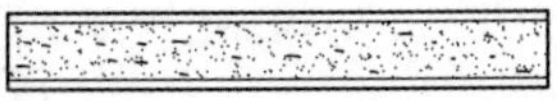	软质填充料	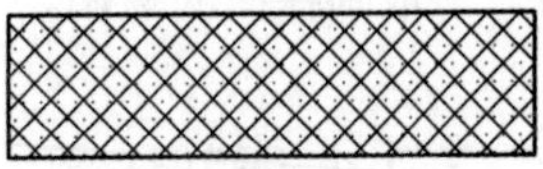
细木工板	横剖		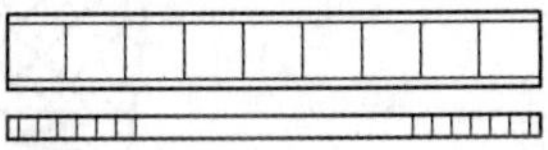	砖石料	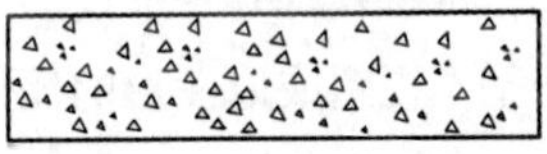
	纵剖		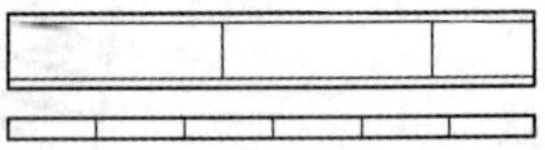		

在家具图样中，有时为了便于表达材料的种类，对于个别零件表面不被剖到时，也画上一些符号，见表7-5。

表7-5　特殊剖面符号

材料	图例	剖面符号
玻璃		
编竹	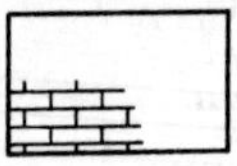	
网纱	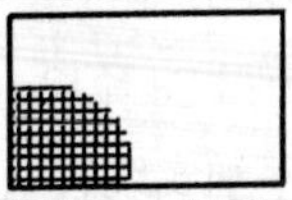	

续表

材料	图例	剖面符号
镜子	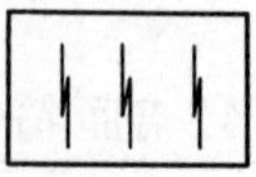	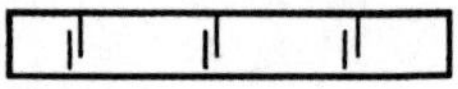
藤织	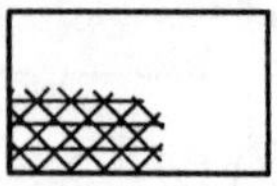	
弹簧	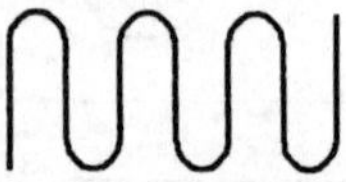	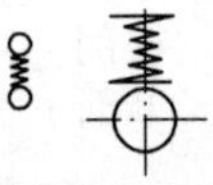
空心板	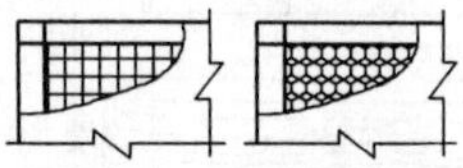	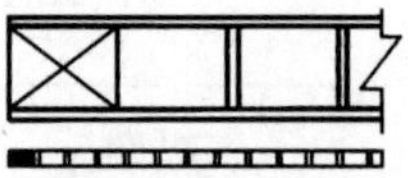

软体家具图样上材料名称还可以用文字依次注明，如图7–21所示。另外，当剖面面积较大时，剖面符号可以只画一部分，一般画在图的两端。

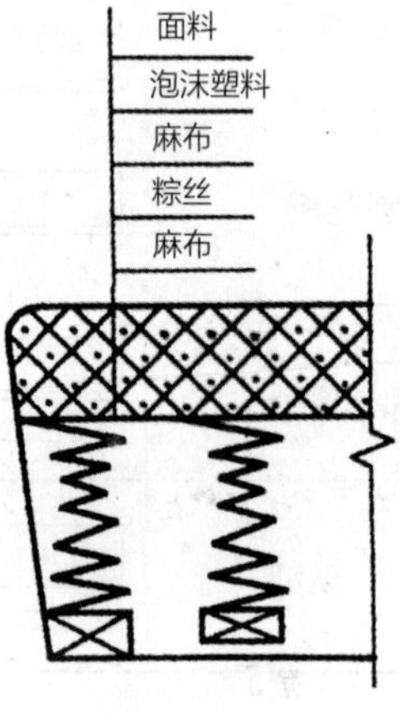

图7–21 文字注明软质材料名称

7.2.4 局部详图

将家具或其零部件的部分结构，用大于基本视图或原图形的比例画出，其余不必要详细表达的部分用折断线断开，这就是局部详图。

局部详图解决了因基本视图用缩小比例导致图形局部结构无法表达清楚的问题。局部详图可画成剖视图、基本视图等多种形式，它与被放大部分的表达方式无关。局部详图边缘断开部分画的折断线，一般应画成水平和垂直方向，并略超出轮廓线外2～3mm。

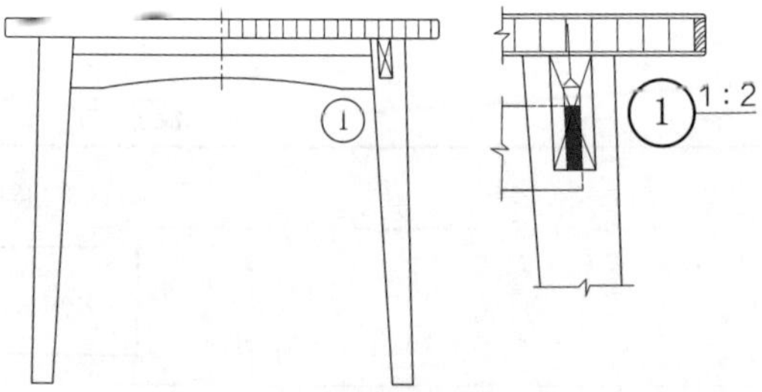

图7–22 局部详图及其标注

局部详图必须加以标注。方法是在视图中被放大部分的附近，应画出直径8mm的实线圆圈，圈中写上数字，作为局部详图索引标志。在相应的局部详图的附近画上直径12mm的粗实线圆圈，圈中写上同样的数字以便查找。粗实线圆的右侧中间画一水平细实线，线上写详图所用比例，如图7–22所示。

7.2.5 榫接合和连接件接合表达方法

家具是由一定数量的零件、部件连接装配而成的。连接方式有固定的，也有可拆卸的。例如胶接合、榫接合、铆接合、圆钉接合、金属零件的焊接等，这些是固定式接合；可拆卸的连接则大量应用螺纹连接件，还有如木螺钉、倒刺、膨胀管等介于这两者之间的连接。连接的方式和所采用的连接件，对于家具的造型、功能、结构以及家具的生产效率等有着十分重要的意义。《家具制图》标准对一些常用的连接方式，如榫、螺钉、圆钉、螺栓等连接的画法都作了规定。

（1）家具榫接合表达方法

榫接合是指榫头嵌入榫眼的一种连接方式，它是家具结构中应用极为广泛的不可拆连接，其类型多种多样。其中榫头可以是零件本身的一部分，也可以单独制作，这时相连接的两个零件都只打眼（即打榫孔）。

《家具制图》标准规定，当画榫接合时，表示榫头横断面的图形上榫端要涂以淡灰色，以显示榫头的形状、类型和大小。也可用一组平行细实线代替涂色，细实线不少于三条。如图7–23所示为不同榫的画法。

（2）家具常用连接件连接的画法

《家具制图》标准规定，在基本视图中，如果要表示圆钉、木螺钉等连接件可用细实线表示其位置，用带箭头的引出线注明名称、规格或代号，如图7–24所示。注明连接件

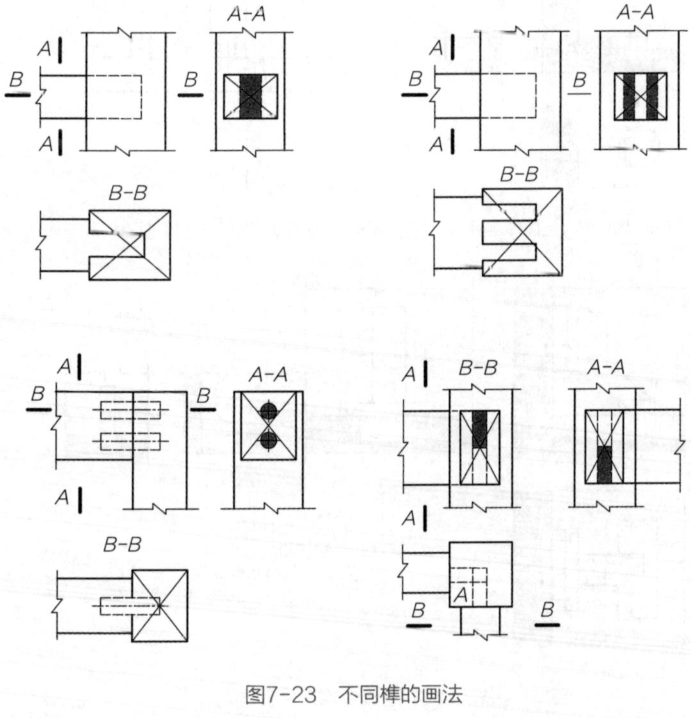

图7–23　不同榫的画法

名称、数量，如图7-24所示。

（3）家具专用连接件的规定画法

近年来，随着板式家具可拆连接和自装配式家具的兴起，家具专用连接件越来越多。家具制图标准中对少数几种连接件已作出规定，对于新出现的连接件，其画法可以参照标准已有画法的规定简化画出，再附以必要的文字注明。几种专用连接件画法如图7-25所示。

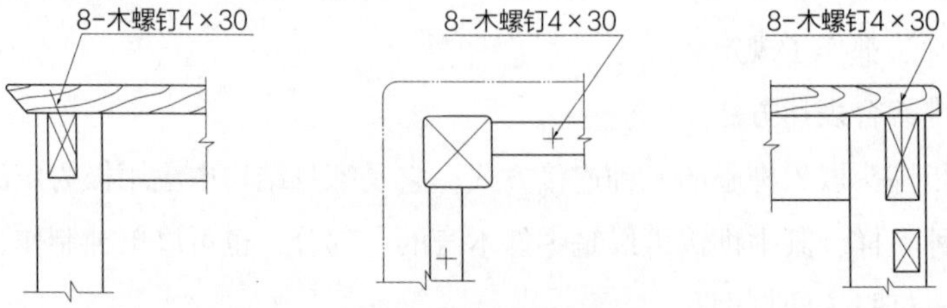

图7-24　常用连接件在基本视图上的表示

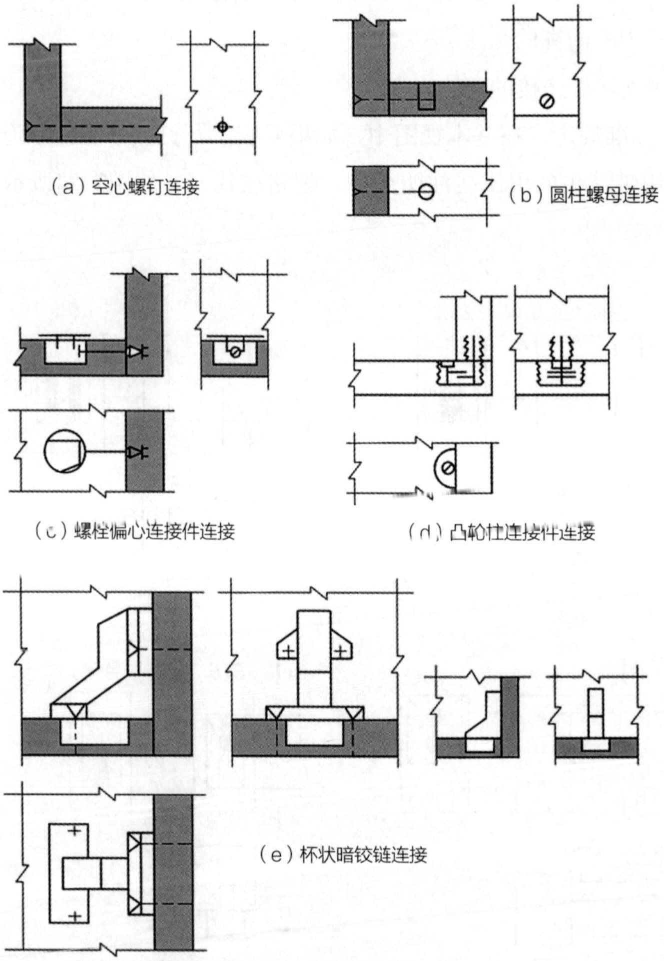

图7-25　家具专用连接件画法

7.3 家具结构图样及实例阐述

7.3.1 家具结构图样

家具结构图样

现代家具从设计构思到最终产品生产完成，每一个阶段都需要有相应的图样，图样起着传递信息的重要作用。常见的家具结构图样包括设计图、零件图、部件图、装配图及大样图。

（1）设计图

确定设计概念后，方案设计图是设计概念思维的进一步深化，是设计表现最关键的环节。一般设计图要按尺寸缩小一定比例画出三个基本视图，往往还要按尺寸比例和投影关系画一个透视图，以直观考察家具的形象和功能。设计图上的尺寸主要有家具外形轮廓尺寸和功能尺寸。除此之外，还应对内外表面的涂饰要求、装配质量等图上不易表示的一些技术条件，用文字作简要的说明。设计图应按国家标准图纸幅面选择图纸大小，要画出图框标题栏等，并在责任签字栏内签字，送有关部门审核，如图7-26所示。

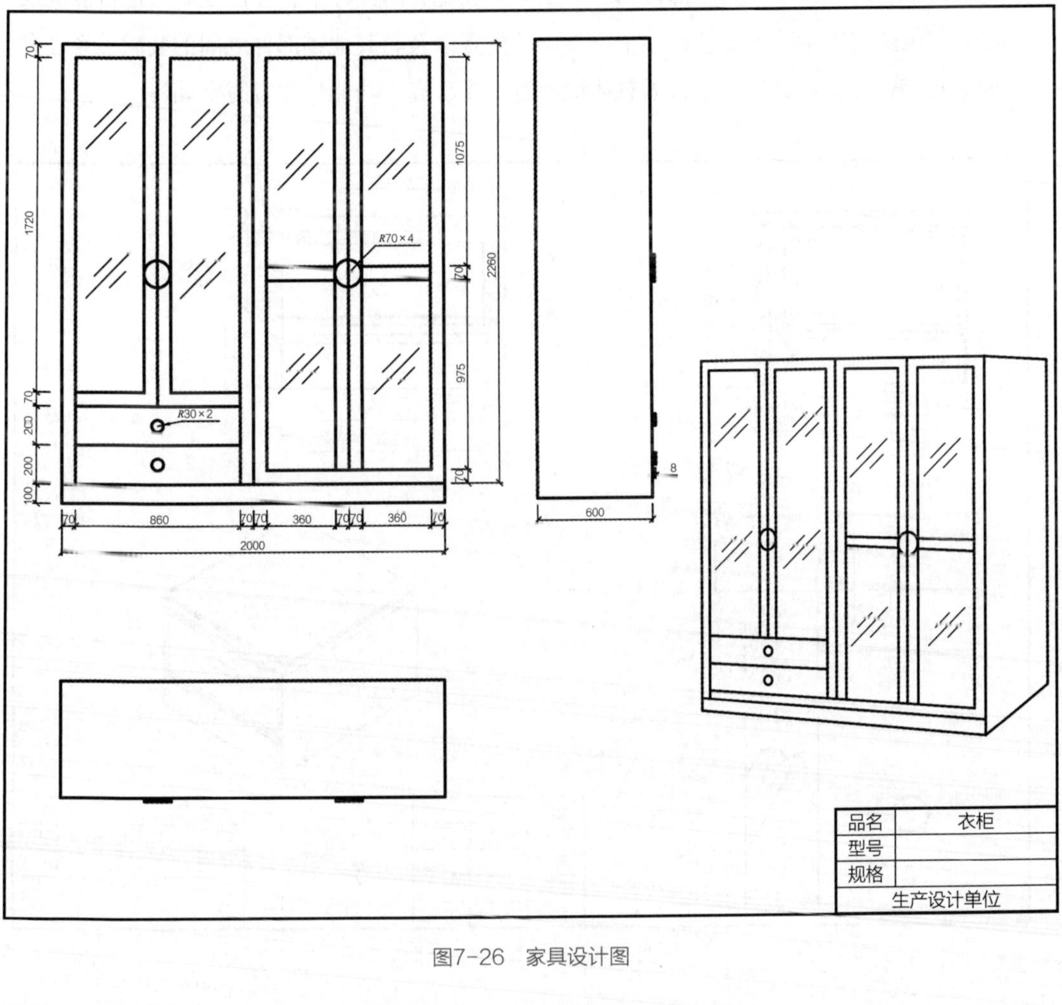

图7-26　家具设计图

（2）装配图

家具装配图是全面表达产品内外结构和装配关系的图纸。目前装配图有三种类型，即结构装配图、装配图和装配（拆卸）立体图。

家具结构装配图是表达家具内外详细结构的图样。它不仅是用来指导已加工完成的零件、部件装配成整体家具，还指导一般零件、部件的配料和加工制造。有时也取代零件图和部件图，整个生产过程基本上就靠这一种图纸。因此，结构装配图不仅要表现家具的内外结构、装配关系，还要能表达清楚部分零件的形状，尺寸也较详尽。

家具结构装配图中的视图部分包括一组基本视图、一定数量的局部详图，也可有一个透视外形图供参考。尺寸除了总体宽、深、高一定要标出外，凡配料、加工、装配需要的尺寸基本上都应标出。除此之外，凡加工所要注意的技术条件也都应注写在结构装配图上。与结构装配图配套的还有零部件明细表，列出零部件名称、材料规格尺寸等，还包括连接件、涂料、品种等。较简单的明细表也可直接画在标题栏上方。如图7-27所示为一件床头柜的结构装配图，画了两个基本视图、一个透视图和两个局部详图。

装配图的作用是在家具零部件都已加工完毕和配齐的条件下，按图纸要求进行装配成产品。装配图仅需指明零部件在整个家具中的位置以及与其他零部件之间的装配关系，并注明家具装配后要达到的尺寸，如总体尺寸宽、深、高，功能尺寸容腿空间等。

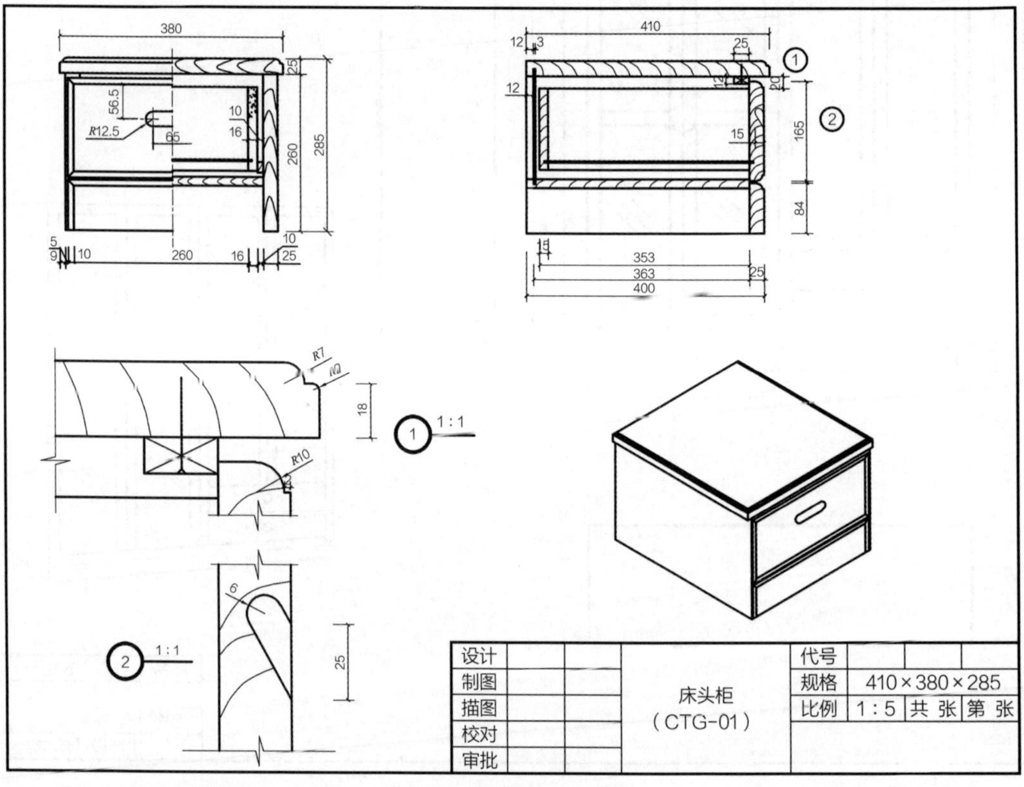

图7-27 床头柜结构装配图

另外，装配图一般都要标注主要零部件编号（连接件除外）。注意零部件编号的要求，要按顺序围绕视图外围转，顺时针或逆时针方向均可，目的是为了容易对号查找，如图7-28所示。零件、部件的编号应和零件图、部件图上的编号完全一致。生产家具仅有装配图是不够的，必须要配套的全部零件图、部件图。反过来说，若有了零部件图，最后只要装配图就可以了，无须结构装配图那样，各细部结构都画得很详细，否则图看上去会杂乱。

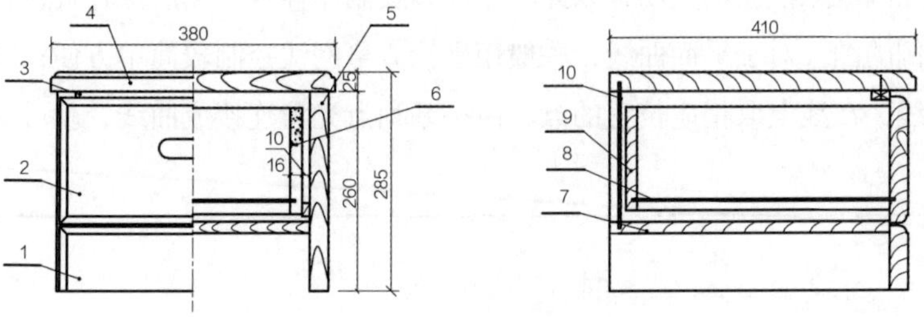

图7-28　床头柜装配图

家具图中也有以立体图形式表示家具各零部件之间装配关系的，主要是“自装配家具”，为方便顾客自行装配，将家具各零部件的立体图形式画出，装配成家具，更多的是画成拆卸状，如图7-29所示。这种立体图一般以轴测图居多。但尺寸大小往往并不严格，只要表示清楚零件、部件之间如何装配以及装配的相对位置就可以了。除了销售用图外，也有生产厂家装配图用这种形式的。

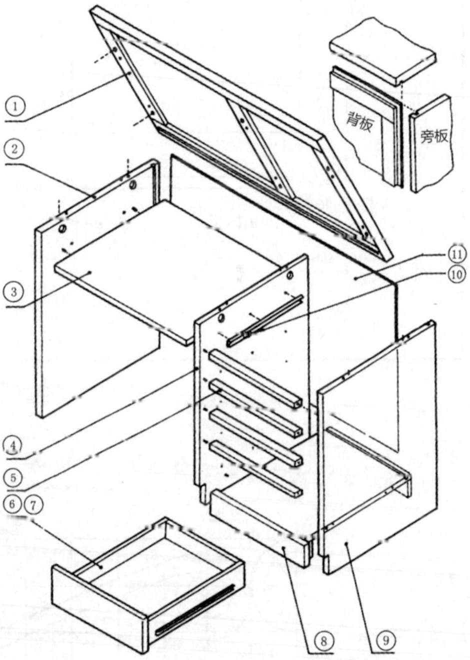

图7-29　装配（拆卸）立体图

（3）零、部件图

零件图是表示不可再分的家具构件的图样。主要作用是表达零件各部分的形状结构以及加工装配所必需的尺寸数据等，目的是为生产符合设计要求的零件提供指导和依据，既要准确，又要便于看图下料，进行各道工序的加工。

部件图是表达两个或两个以上零件组装成配件的图样，如抽屉、底座（架）、空心板旁板、小门等。为了使部件能与其他有关零件或部件顺利地装配成家具，部件上各部分结构不仅要画清楚，更重要的是有关连接装配的尺寸要特别注意，不能搞错，不能遗漏。

零件图、部件图不仅形状、尺寸都要齐全，其他有关的技术要求也都要注写清楚，同时，一个部件或一个零件就要有一个单独的图框和标题栏，标题栏内应填写的栏目都要写全，如图7–30所示。

（4）大样图

家具大样图是指1：1比例的结构装配图或零部件图。家具中某些零件有特殊的造型要求，在加工这些零件时常要根据样板或模板画线，最常见的如一般曲线形零件，就要根据图纸进行放大，画成1：1原值比例，制作样板，这种样板就是大样图，如图7–31所示。大样图也常先画成原值比例大小，以此图为准画线制作样板，然后保存资料存档，再据此画成缩小比例的图。对于平面曲线，一般用坐标方格网线控制较简单方便，只要按网格尺寸画好网格线，在线上取相应位置的点，由一系列点光滑连接成曲线，就可画出所需要的

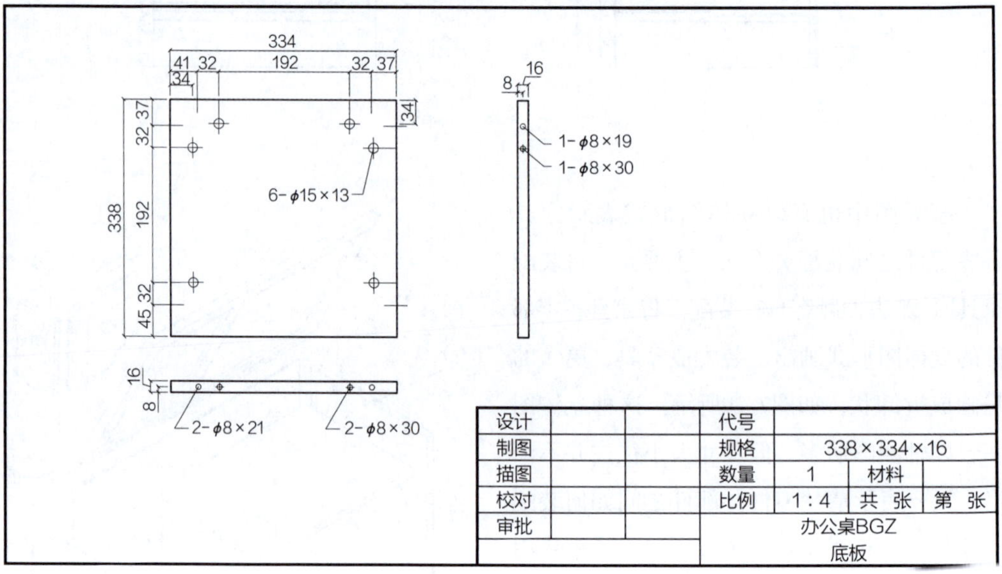

图7–30 零件图

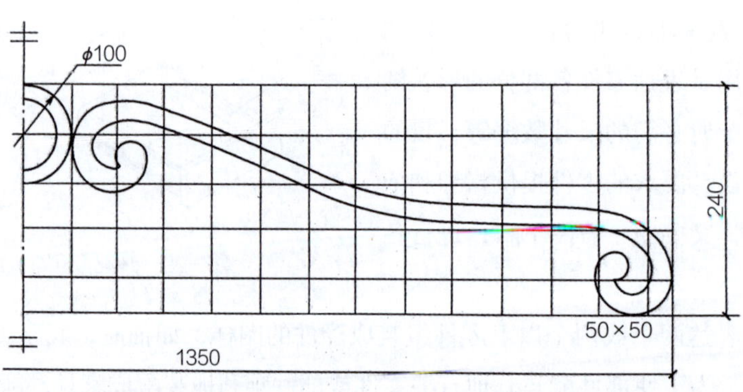

图7–31 大样图

曲线了，无论放大或缩小都一样。假如曲线中有圆弧，则注出圆弧直径或半径尺寸，更为方便准确。

7.3.2 家具结构图实例

罗汉床结构图如图7-32至图7-34所示。

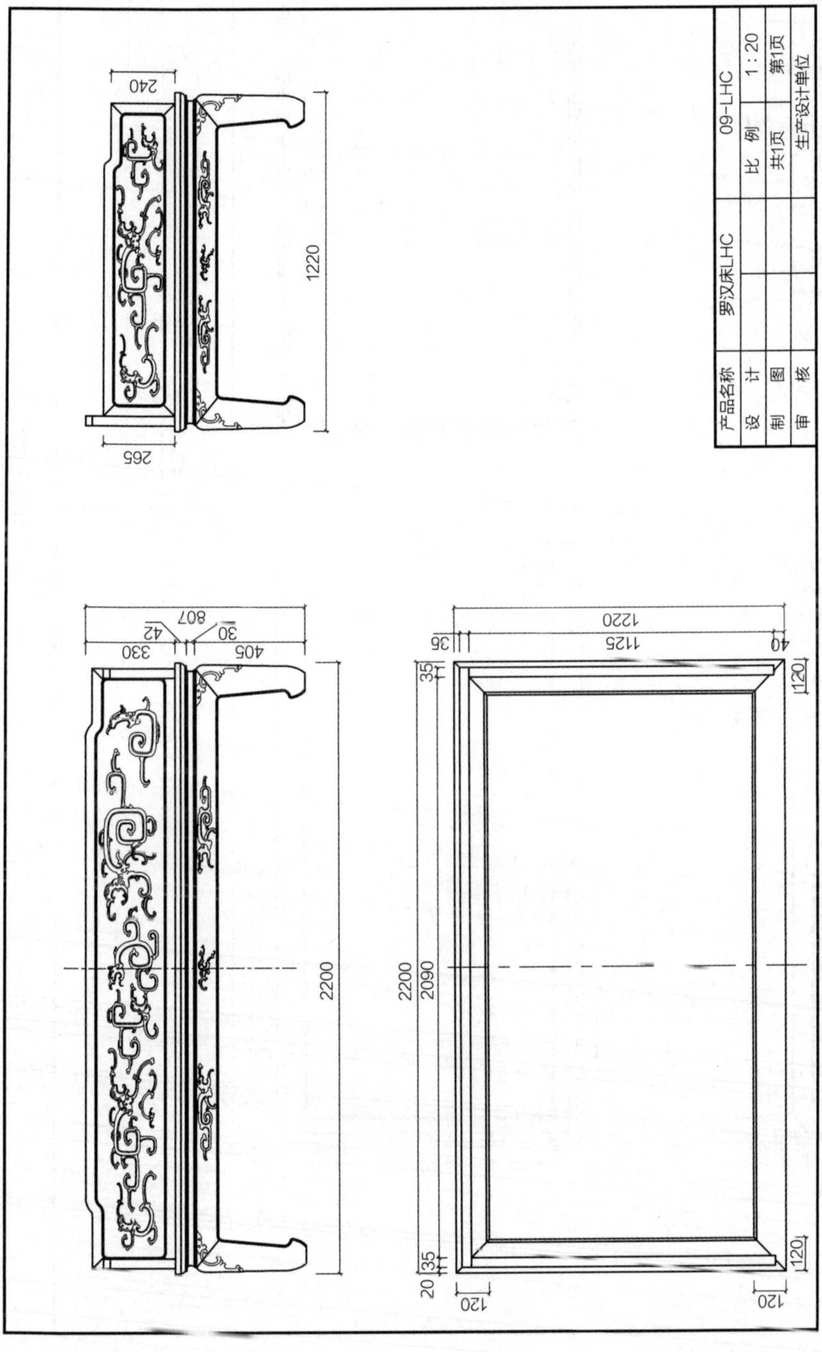

图7-32　罗汉床设计图

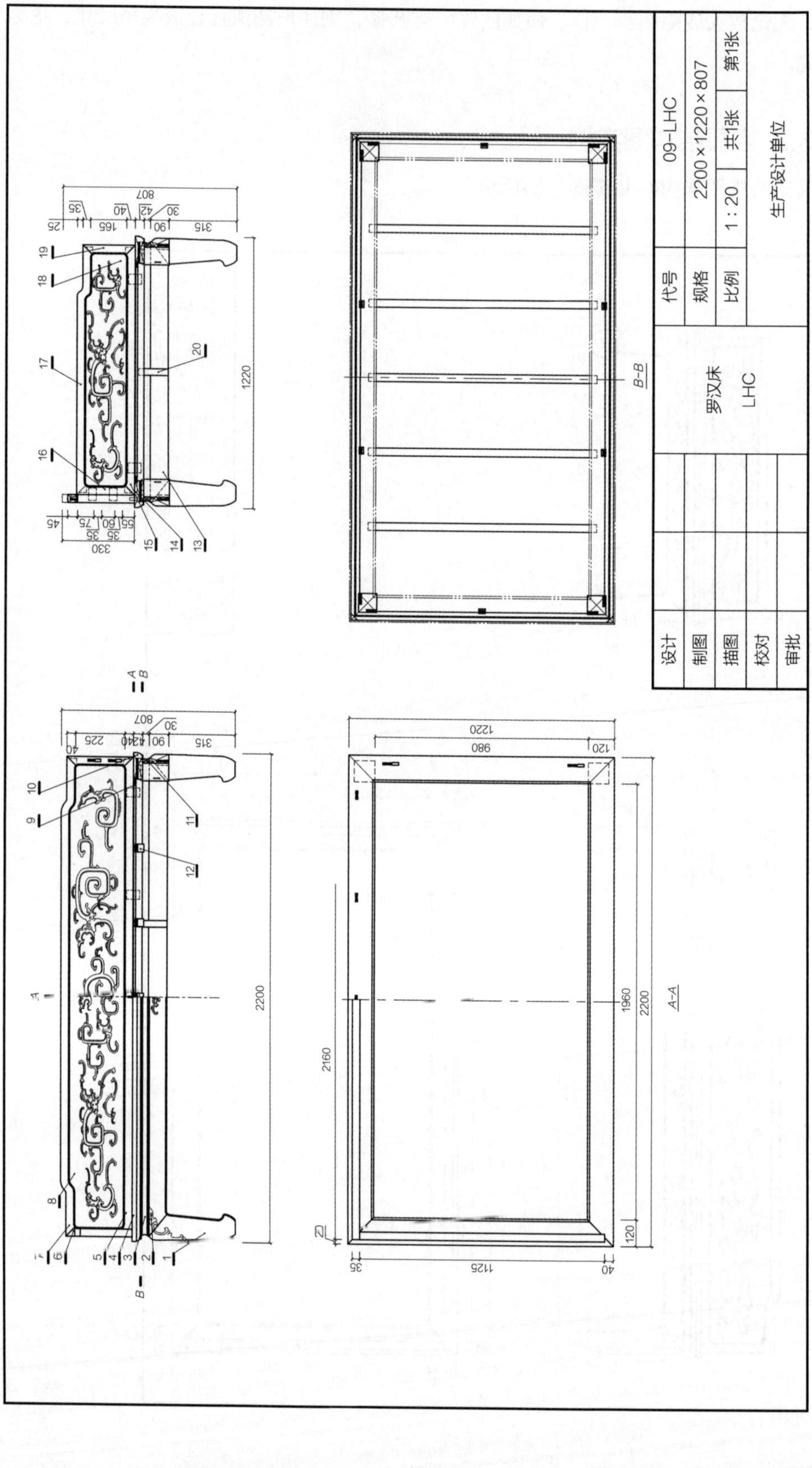
A-A
B-B
设计
制图
描图
校对
审批
罗汉床
LHC
代号
09-LHC
规格
2200×1220×807
比例
1：20
共1张
第1张
生产设计单位

图7-33 罗汉床装配图

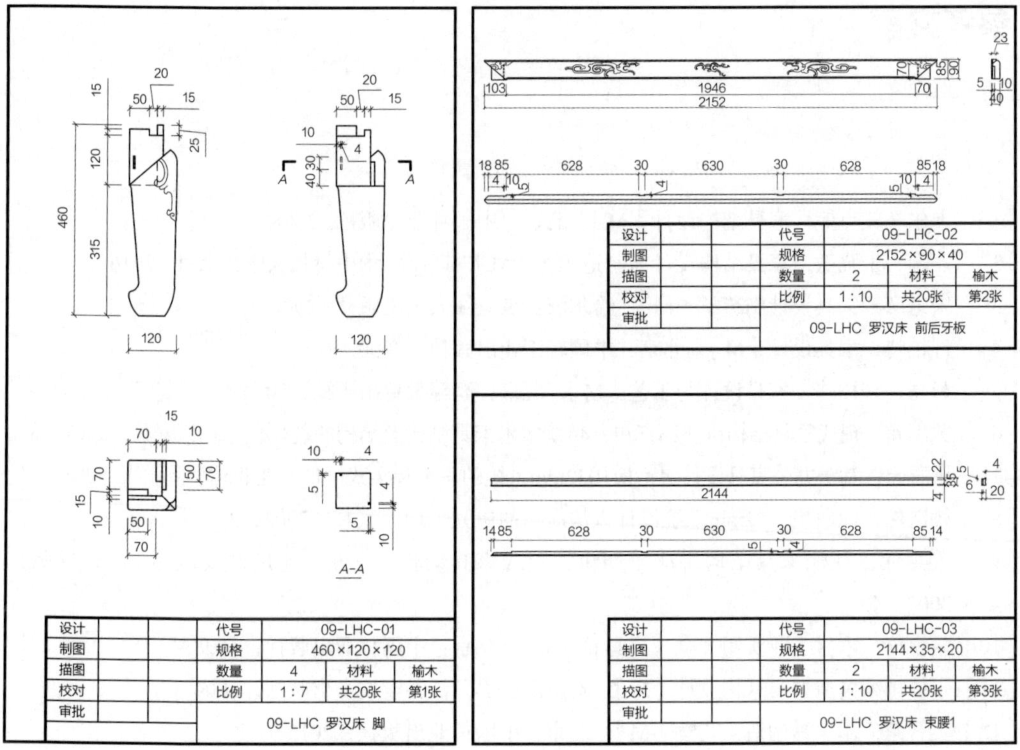

图7-34　罗汉床部分零件图

课后思考与练习

（1）家具制图规范对哪些部分做出了要求？

（2）家具生产、设计中常用家具图样有哪几类？各有什么作用？

（3）绘制家具设计图的基本要求及尺寸标注的要求是什么？

（4）简述家具结构装配图表达的基本内容。

（5）简述家具设计过程中如何取舍图样种类。

参考文献

[1] 卡尔·艾克曼. 家具结构设计[M]. 北京：中国林业出版社，2008.

[2] 袁园，朱晓敏. 家具结构设计与制造工艺[M]. 武汉：华中科技大学出版社，2016.

[3] 宋魁彦. 家具设计制造学[M]. 哈尔滨：黑龙江人民出版社，2006.

[4] 许柏鸣. 家具设计[M]. 北京：中国轻工业出版社，2000.

[5] 彭亮，许柏鸣. 家具设计与工艺[M]. 北京：高等教育出版社，2014.

[6] 关惠元. 现代家具结构讲座第三讲：传统实木家具结构及结构的现代化[J]. 家具，2007，3.

[7] 唐彩云. 基于办公家具设计灵活应用32mm系统的思考和实践[J]. 西北林学院学报，2012，5.

[8] 姚浩然，江敬艳. 32mm系统设计方法应用的研究[J]. 家具，2002，3.

[9] 关惠元. 现代家具结构讲座第四讲：板式家具结构——五金连接件及应用[J]. 家具，2007，4.

[10] 吴悦琦. 木材工业实用大全·家具卷[M]. 北京：中国林业出版社，1998.

[11] 于伸. 家具造型与结构设计[M]. 哈尔滨：黑龙江科学技术出版社，2004.

[12] 吴智慧. 木家具制造工艺学[M]. 北京：中国林业出版社，2012.

[13] 袁园，朱晓敏. 家具结构设计与制造工艺[M]. 武汉：华中科技大学出版社，2016.

[14] 李陵. 家具制造工艺及应用[M]. 北京：化学工业出版社，2016.

[15] 许柏鸣. 家具设计[M]. 北京：中国轻工业出版社，2015.

[16] 张仲凤，张继娟. 家具结构设计[M]. 北京：机械工业出版社，2016.

[17] 彭亮，许柏鸣. 家具设计与工艺[M]. 北京：高等教育出版社，2014.

[18] 吴智慧，徐伟. 软体家具制造工艺[M]. 北京：中国林业出版社，2008.

[19] 陶涛，陈星艳，高伟. 软体家具制造工艺[M]. 北京：化学工业出版社，2011.

[20] 王所玲，潘鲁生. 家具制造实训[M]. 济南：济南出版社，2014.

[21] 李重根. 金属家具工艺学[M]. 北京：化学工业出版社，2011.

[22] 马掌法，黎明. 家具设计与生产工艺[M]. 北京：中国水利水电出版社，2012.

[23] 袁园，朱晓敏. 家具结构设计与制造工艺[M]. 武汉：华中科技大学出版社，2016.

[24] 张仲凤. 家具结构设计[M]. 北京：机械工业出版社，2012.

[25] 宋魁彦. 家具设计制造学[M]. 哈尔滨：黑龙江人民出版社，2006.

[26] 潘速圆. 家具制图与木工识图[M]. 北京：高等教育出版社，2010.

[27] 周雅南. 家具制图[M]. 北京：中国轻工业出版社，2007.

[28] 朱毅. 家具造型与结构设计[M]. 北京：化学工业出版社，2017.

[29] 彭红，陆步云. 设计制图[M]. 北京：中国林业出版社，2003.